Projeto LUMIRÁ

GEOGRAFIA 5

Organizadora: Editora Ática S.A.
Obra coletiva concebida pela Editora Ática S.A.
Editora responsável: Heloisa Pimentel

Material de apoio deste volume:
- Miniatlas Geografia do Brasil

editora ática

editora ática

Diretoria editorial
Lidiane Vivaldini Olo

Gerência editorial
Luiz Tonolli

Editoria de Ciências Humanas
Heloisa Pimentel

Edição
Maria Luísa Nacca
Lucas Abrami (assist.) e Mariana Renó Faria (estag.)

Gerência de produção editorial
Ricardo de Gan Braga

Arte
Andréa Dellamagna (coord. de criação),
Talita Guedes (progr. visual de capa e miolo),
Claudio Faustino (coord.),
Yong Lee Kim (editora) e
Luiza Massucato, Casa de Tipos (diagram.)

Revisão
Hélia de Jesus Gonsaga (ger.),
Rosângela Muricy (coord.),
Ana Curci, Patrícia Travanca,
Paula Teixeira de Jesus e Vanessa de Paula Santos,
Brenda Morais e Gabriela Miragaia (estagiárias)

Iconografia
Sílvio Kligin (superv.),
Denise Durand Kremer (coord.),
Iron Mantovanello (pesquisa),
Cesar Wolf e Fernanda Crevin (tratamento de imagem)

Ilustrações
Estúdio Icarus – Criação de Imagem (capa),
Adilson Farias, Daniel Almeida, Ilustra Cartoon,
Marcelo Lelis, Studio Maya e Weberson Santiago (miolo)

Cartografia
Eric Fuzii, Loide Edelweiss Iizuka e Márcio Souza

Direitos desta edição cedidos à Editora Ática S.A.
Avenida das Nações Unidas, 7221, 3º andar, Setor A
Pinheiros – São Paulo – SP – CEP 05425-902
Tel.: 4003-3061
www.atica.com.br / editora@atica.com.br

Dados Internacionais de Catalogação na Publicação (CIP)
(Câmara Brasileira do Livro, SP, Brasil)

> Projeto Lumirá : geografia : 2º ao 5º ano / obra coletiva da Editora Ática ; editor responsável : Heloisa Pimentel . – 2. ed. – São Paulo : Ática, 2016. – (Projeto Lumirá : geografia)
>
> 1. Geografia (Ensino fundamental) I. Pimentel, Heloisa. II. Série.
>
> 16-01315   CDD-372.891

Índice para catálogo sistemático:
1. Geografia : Ensino fundamental 372.891

2016
ISBN 978 85 08 17856 8 (AL)
ISBN 978 85 08 17857 5 (PR)
Cód. da obra CL 739151
CAE 565921 (AL) / 565922 (PR)
2ª edição
1ª impressão

Impressão e acabamento
Corprint Gráfica e Editora Ltda.

Elaboração dos originais

Marlon Clovis Medeiros
Licenciado em Geografia pela Universidade do Estado de Santa Catarina
Mestre em Geografia pela Universidade Estadual Paulista Júlio de Mesquita Filho (SP)
Doutor em Geografia Humana pela Universidade de São Paulo (USP-SP)
Professor de Geografia da Universidade Estadual do Oeste do Paraná (PR)

Bárbara Machado
Licenciada em Geografia pela Universidade Estadual do Oeste do Paraná (PR)
Agente educacional da Secretaria da Educação do Paraná (PR)

Marianka Gonçalves Santa Bárbara
Licenciada em Letras pela Universidade Federal de Campina Grande (UFCG-PB)
Mestra em Linguística Aplicada pela Pontifícia Universidade Católica de São Paulo (PUC-SP)
Professora do Cogeae-PUC-SP

Projeto LUMIRÁ

Este é o seu livro de **Geografia do 5º ano**.

Escreva aqui o seu nome:

_____

_____

Este livro vai ajudar você a investigar e compreender o mundo em que vivemos, utilizando muito do que você já sabe. Com ele você vai conhecer mais sobre o Brasil e sobre as características de suas regiões.

Bom estudo!

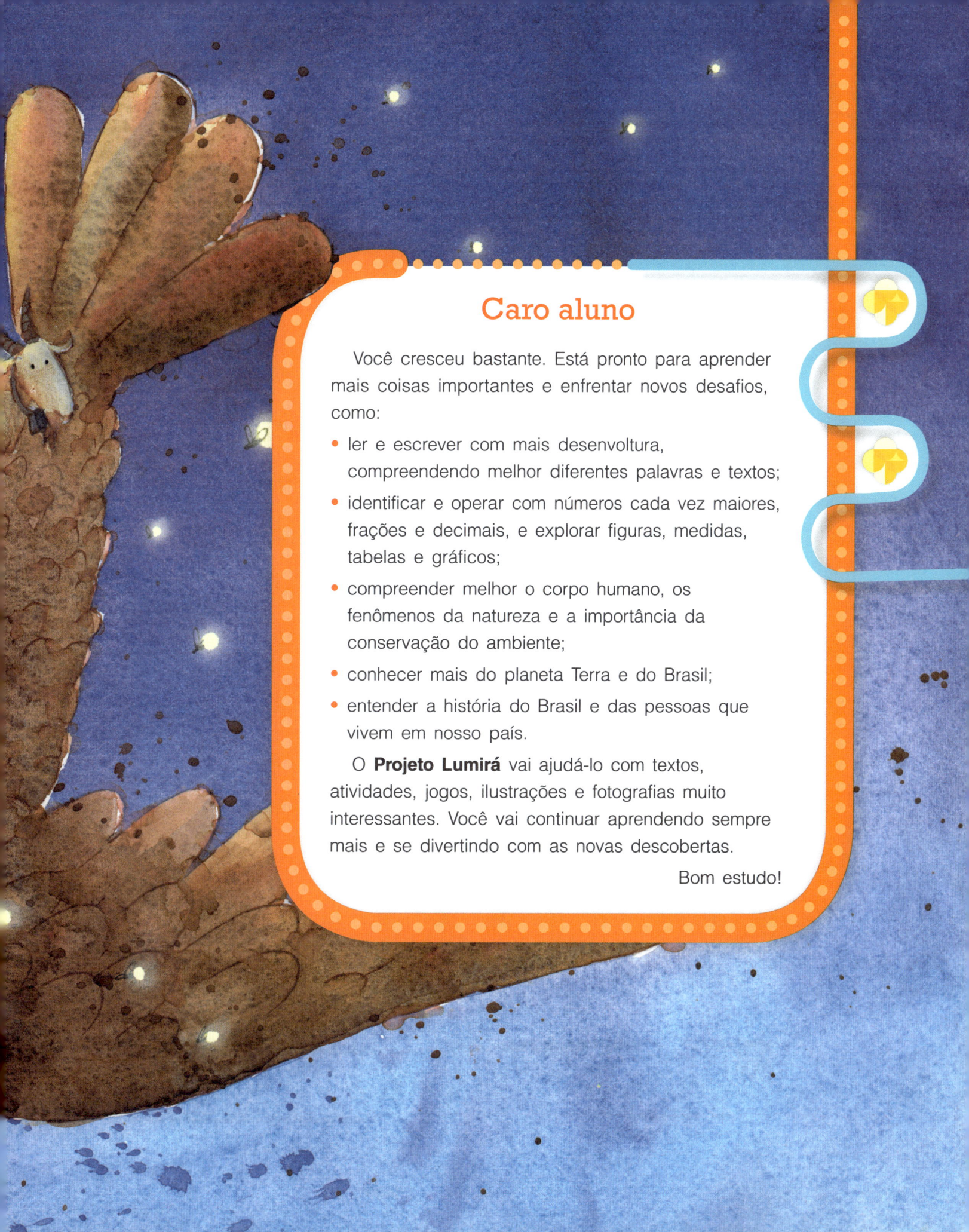

Caro aluno

Você cresceu bastante. Está pronto para aprender mais coisas importantes e enfrentar novos desafios, como:

- ler e escrever com mais desenvoltura, compreendendo melhor diferentes palavras e textos;
- identificar e operar com números cada vez maiores, frações e decimais, e explorar figuras, medidas, tabelas e gráficos;
- compreender melhor o corpo humano, os fenômenos da natureza e a importância da conservação do ambiente;
- conhecer mais do planeta Terra e do Brasil;
- entender a história do Brasil e das pessoas que vivem em nosso país.

O **Projeto Lumirá** vai ajudá-lo com textos, atividades, jogos, ilustrações e fotografias muito interessantes. Você vai continuar aprendendo sempre mais e se divertindo com as novas descobertas.

Bom estudo!

COMO É O MEU LIVRO?

- Este livro tem quatro unidades, cada uma delas com três capítulos. No final, na seção
- **Para saber mais** há indicações de livros, vídeos e *sites* para complementar seu estudo.

ABERTURA DE UNIDADE
Você observa a imagem, responde às questões e troca ideias com os colegas e o professor sobre o que vai estudar.

CAPÍTULOS
Textos, fotografias, ilustrações e mapas vão motivar você a pensar, questionar e aprender. Há atividades para cada tema. No final do capítulo, a seção **Atividades do capítulo** traz mais exercícios para completar seu estudo.

Glossário
O glossário explica o significado de algumas palavras que talvez você não conheça.

ENTENDER O ESPAÇO GEOGRÁFICO
Aqui você vai conhecer e utilizar a linguagem cartográfica.

ÍCONE

🔊 ATIVIDADE ORAL

LEITURA DE IMAGEM

Aqui você vai fazer um trabalho com imagens. Elas ajudam você a refletir sobre os temas estudados: o que é parecido com seu dia a dia, o que é diferente.

LER E ENTENDER

Nesta seção você vai ler diferentes textos. Pode ser um poema, um rótulo de produto ou uma notícia. Um roteiro de perguntas vai ajudar você a ler cada vez melhor e a relacionar o que leu aos conteúdos estudados.

O QUE APRENDI?

Aqui você encontra atividades para pensar no que aprendeu, mostrar o que já sabe e refletir sobre o que precisa melhorar.

SUMÁRIO

UNIDADE 1

O BRASIL 10

CAPÍTULO 1: O Brasil na América do Sul 12
- O Brasil e seus vizinhos 12
- O Mercosul 14
- O Brasil e o mundo globalizado 16
- **Atividades do capítulo** 18

CAPÍTULO 2: Divisão política e regional do Brasil 20
- Os estados e as capitais 20
- Os municípios 22
- Os limites internos do Brasil 24
- Regionalizações do Brasil 26
- **Atividades do capítulo** 28

CAPÍTULO 3: O Brasil e suas características 30
- As paisagens brasileiras 30
- A mistura de povos 32
- Os problemas sociais no Brasil 34
- **Atividades do capítulo** 36

- **Entender o espaço geográfico:**
  Gráficos de população 38
- **Ler e entender** 40

O QUE APRENDI? 42

UNIDADE 2

REGIÃO NORTE 44

CAPÍTULO 4: As características naturais 46
- A floresta Amazônica 46
- O clima da região Norte 48
- O relevo e a hidrografia da região Norte 50
- **Atividades do capítulo** 52

CAPÍTULO 5: As transformações nas paisagens 54
- A população da região Norte 54
- **Leitura de imagem:**
  Os indígenas e a tecnologia 56
- As atividades econômicas da região Norte 58
- Alguns problemas sociais e ambientais da região Norte 60
- **Atividades do capítulo** 62

CAPÍTULO 6: A cultura popular 64
- Lendas, mitos, festas e danças 64
- Hábitos alimentares 66
- Manifestações religiosas 68
- **Atividades do capítulo** 70

- **Entender o espaço geográfico:**
  A população no espaço e no tempo 72
- **Ler e entender** 74

O QUE APRENDI? 76

UNIDADE 3

REGIÕES NORDESTE E CENTRO-OESTE 78

CAPÍTULO 7: Região Nordeste 80
  História 80
  Características naturais................. 82
  População e atividades econômicas 84
• **Leitura de imagem:**
  Energia alternativa 86
  Problemas sociais e ambientais............ 88
  Atividades do capítulo 90

CAPÍTULO 8: Região Centro-Oeste......... 94
  História 94
  Características naturais................. 96
  População e atividades econômicas 98
  Problemas sociais e ambientais............ 100
  Atividades do capítulo 102

CAPÍTULO 9: Aspectos culturais........... 104
  Tradições e costumes da região Nordeste 104
  Tradições e costumes da região Centro-Oeste ... 106
  Manifestações religiosas das regiões Nordeste e
  Centro-Oeste 108
  Atividades do capítulo 110
• **Entender o espaço geográfico:**
  A linguagem da Cartografia 112
• **Ler e entender** 114
O QUE APRENDI? 116

UNIDADE 4

REGIÕES SUDESTE E SUL 118

CAPÍTULO 10: Região Sudeste 120
  História 120
  Características naturais................. 122
  População e atividades econômicas 124
  Problemas sociais e ambientais............ 128
• **Leitura de imagem:**
  Mobilidade urbana 130
  Atividades do capítulo 132

CAPÍTULO 11: Região Sul 136
  História 136
  Características naturais................. 138
  População e atividades econômicas 140
  Problemas sociais e ambientais............ 142
  Atividades do capítulo 144

CAPÍTULO 12: Aspectos culturais.......... 146
  Tradições e costumes da região Sudeste...... 146
  Tradições e costumes da região Sul 148
  Atividades do capítulo 150
• **Entender o espaço geográfico:**
  O uso das cores nos mapas 152
• **Ler e entender** 154
O QUE APRENDI? 156
PARA SABER MAIS..................... 158
BIBLIOGRAFIA 160

UNIDADE 1

O BRASIL

Terminal rodoviário do Tietê, em São Paulo (SP), em 2014.

- O que você observa na imagem?
- O que você acha que essas pessoas estão fazendo?
- Apenas observando a imagem, você identificaria essas pessoas como parte da população brasileira? Por quê?

CAPÍTULO 1

O BRASIL NA AMÉRICA DO SUL

O BRASIL E SEUS VIZINHOS

O Brasil está localizado no continente americano. Ele é o maior país em extensão da porção sul desse continente, chamada América do Sul, e o quinto maior país do mundo.

Podemos ter uma ideia da grandeza do território brasileiro ao verificar a distância entre seus pontos extremos e a extensão de seus limites terrestres e marítimos. Observe o mapa.

Brasil

Adaptado de: IBGE. **Atlas geográfico escolar**. 6. ed. Rio de Janeiro, 2012. p. 91.

arroio: rio pequeno, córrego.

No mapa da página ao lado, podemos observar o território de cada país da América do Sul. Chamamos de **território** de um país o espaço onde cada governo exerce o poder. O governo brasileiro exerce poder sobre o território do Brasil, o governo chileno exerce poder sobre o território do Chile, e assim por diante.

Os territórios são determinados por **limites**, linhas imaginárias que podem ter como referência elementos naturais, como rios, lagos ou serras, e elementos culturais, como ruas, ferrovias ou marcos artificiais sobre o terreno. Os limites dos territórios são firmados por meio de acordos e tratados entre os países.

Os países protegem suas fronteiras continentais e marítimas, para garantir o controle sobre a exploração e a conservação dos recursos naturais e evitar a entrada de pessoas e mercadorias sem permissão. Ao mesmo tempo, procuram manter boas relações com seus vizinhos e com os outros países.

fronteiras: faixas de terra com largura variável, que se estendem ao longo dos limites dos países.

recursos naturais: elementos da natureza que podem ser utilizados pelo ser humano. Exemplos: florestas, água e minérios.

Na fotografia, é possível observar, à esquerda, a cidade brasileira de Ponta Porã (MS) e, à direita, a cidade paraguaia de Pedro Juan Caballero. Fotografia de 2014.

ATIVIDADES

- Observe o mapa da página ao lado e responda:

  a) Quais são os países que compõem a América do Sul?

  b) Quais são os países que não têm fronteiras com o Brasil?

  c) Em que estados brasileiros estão os pontos extremos do Brasil?

 O MERCOSUL

A maioria dos países do mundo mantém relações de comércio entre si, ou seja, compram e vendem produtos e serviços uns dos outros. Para integrar essas atividades e facilitar as relações entre os países foram criados blocos econômicos.

Na América do Sul foi criado o Mercado Comum do Sul ou **Mercosul**, um bloco que tem como objetivo promover a integração econômica entre os países-membros e futuramente também com os países associados. Veja no mapa abaixo quais são esses países.

blocos econômicos: associações de países que fazem acordos para facilitar o comércio entre si e com outros países.

Os países associados ao Mercosul recebem esse nome porque ainda não adotaram todas as medidas propostas pelo bloco.

Adaptado de: MERCOSUL. Disponível em: <www.mercosul.gov.br>. Acesso em: 19 mar. 2016.

taxas de importação: impostos pagos quando se compra um produto ou serviço de outro país.

Os países-membros do Mercosul estabeleceram diversos acordos para controlar e reduzir as taxas de importação, com o objetivo de estimular o comércio entre eles. Antes da criação do Mercosul, esses países sul-americanos não eram grandes parceiros econômicos, mas essa relação mudou. O Brasil, por exemplo, é atualmente o maior comprador dos produtos da Argentina, do Paraguai e do Uruguai. Além disso, reunidos em um bloco, os países têm mais força para negociar com outros países e outros blocos econômicos.

Os acordos estabelecidos entre os países do Mercosul permitem também, entre outras coisas, a livre circulação de pessoas de um país para outro, utilizando apenas o documento de identidade (sem o passaporte), e a moradia temporária em qualquer um dos países do bloco.

A fotografia (de 2016) mostra a Ponte Internacional Presidente Tancredo Neves, que liga Foz do Iguaçu, no Brasil, a Porto Iguaçu, na Argentina. Ela é também conhecida como Ponte Internacional da Fraternidade e permite maior integração entre esses países.

ATIVIDADES

1 Por que os países formam blocos econômicos?

2 Quais são os países-membros do Mercosul?

3 Faça uma pesquisa em livros e na internet sobre outros blocos econômicos existentes no mundo. Descubra quais são os países-membros dos blocos pesquisados. Faça suas anotações no caderno e compartilhe o resultado com os colegas.

O BRASIL E O MUNDO GLOBALIZADO

Você já ouviu falar em globalização? Sabe o que significa esse termo tão comum hoje em dia? Observe as imagens. Em sua opinião, como elas estão relacionadas à globalização?

Loja de roupas em Miguel Pereira, no estado do Rio de Janeiro (Brasil), em 2013.

Tradução: fabricado nos Estados Unidos.

Família em Mumbai (Índia) se comunica pela internet com parentes que estão em outro país. Fotografia de 2015.

Atualmente podemos nos comunicar rapidamente com alguém que mora muito distante de nós, ou comprar em uma loja um produto fabricado em outro país.

Isso só é possível por causa do desenvolvimento dos meios de comunicação (principalmente da internet) e dos meios de transporte, que ficaram mais rápidos, baratos e seguros.

Dessa forma, houve aumento da troca de informações entre as pessoas e da velocidade com que elas são transmitidas, além das relações comerciais entre países, que conseguem vender e comprar, com maior eficiência, produtos uns dos outros. O Brasil, por exemplo, importa mercadorias de países estrangeiros, mas também exporta muitos produtos agrícolas, como soja e café, e industrializados, como carros e eletrodomésticos.

importa: ato de comprar produtos ou serviços de outro país.

exporta: ato de vender produtos ou serviços para outro país.

Outro tipo de relação facilitado pelo desenvolvimento tecnológico dos meios de comunicação e de transporte é a troca de serviços. Seguindo algumas regras determinadas por acordos, tanto empresas estrangeiras podem prestar serviços no Brasil quanto empresas brasileiras podem desenvolver algum trabalho no exterior. Como exemplo de empresas brasileiras desenvolvendo trabalhos em outros países, podemos citar obras de grande porte na construção civil, como estradas e usinas hidrelétricas.

A essa atual fase de desenvolvimento das relações políticas e de comércio entre os países e de comunicação entre as empresas e as pessoas chamamos de **globalização**.

Ilustra Cartoon/Arquivo da editora

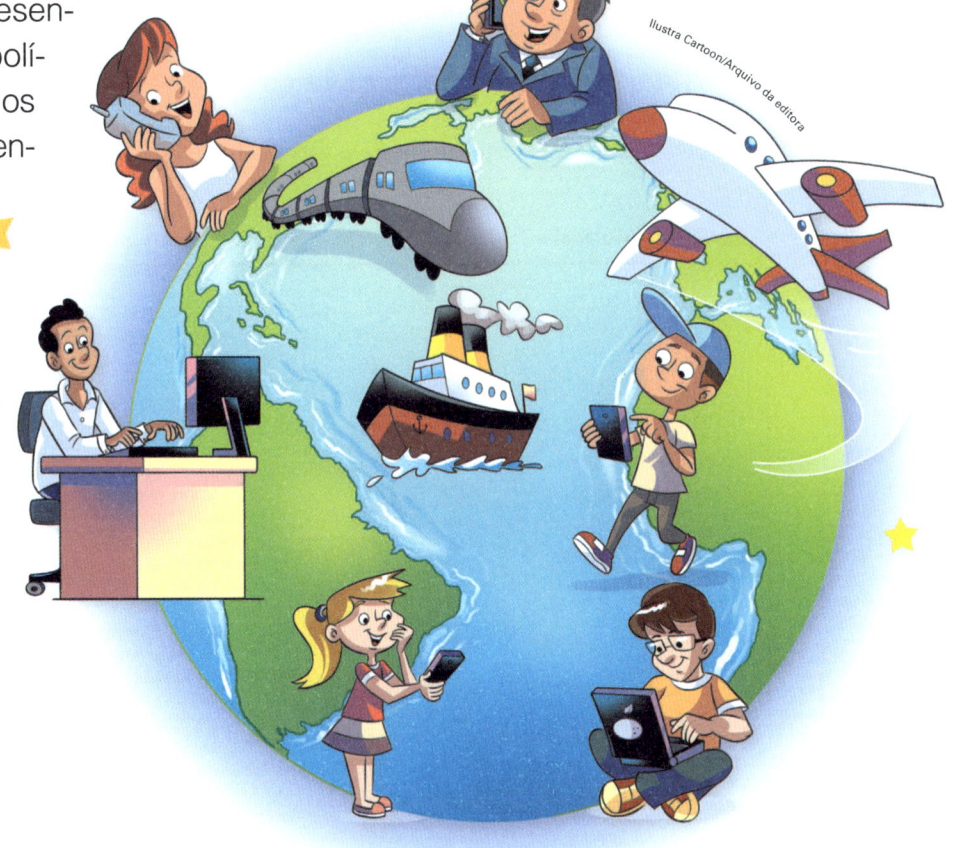

ATIVIDADES

1 Converse com os colegas e o professor sobre o que você sabe a respeito da globalização.

2 Cite outros meios de comunicação, além da internet.

____

____

3 Em sua opinião, esses meios de comunicação são importantes no processo de globalização? Explique sua resposta.

ATIVIDADES DO CAPÍTULO

1. Siga as orientações abaixo para fazer a atividade.

    a) Pinte o Brasil no mapa abaixo.

    b) Depois pinte, com outra cor, os países da América do Sul que têm fronteira com o Brasil.

    c) Escolha uma terceira cor e pinte os países que não têm fronteira com o Brasil.

    d) Nomeie os países da América do Sul.

América do Sul

Adaptado de: IBGE. **Atlas geográfico escolar**. 6. ed. Rio de Janeiro, 2012. p. 41.

2. Explique com suas palavras o que você entendeu sobre o Mercosul. Inclua na sua resposta quais são os países-membros desse bloco.

3. Observe as imagens abaixo. Qual é a relação delas com a globalização? Converse com os colegas e o professor.

Cyber café em Berlim (Alemanha), em 2015.

Carregamento de mercadorias em Nova York (Estados Unidos), em 2015.

4. No Brasil é muito comum o uso de palavras de origem estrangeira nas atividades do dia a dia, como *fast-food* (comida rápida) e *delivery* (entrega em domicílio). Você se lembra de outras palavras de origem estrangeira que costumamos utilizar? Em sua opinião, existe relação dessa prática com a globalização? Converse com os colegas e o professor.

CAPÍTULO 2

DIVISÃO POLÍTICA E REGIONAL DO BRASIL

OS ESTADOS E AS CAPITAIS

Em que município você mora? Em que estado ele se localiza? Observe o mapa ao lado e encontre nele o estado em que você mora.

Brasil: divisão política

Adaptado de: IBGE. **Atlas geográfico escolar**. 6. ed. Rio de Janeiro, 2012. p. 90.

Como é possível observar no mapa, o Brasil é composto de 26 estados e o Distrito Federal, onde está localizada Brasília, a capital do país e sede do governo federal. Os estados e o Distrito Federal são chamados de **Unidades da Federação**, porque compõem a **República Federativa do Brasil**.

Os estados são divididos em municípios e em um deles está localizada a sede do governo estadual. O município é a menor unidade político-administrativa do nosso país.

Os prefeitos (e vice-prefeitos) são responsáveis pela administração dos municípios, os governadores (e vice-governadores), pela administração dos estados, e o presidente (e vice-presidente), pela administração do país.

Os prefeitos, os governadores e o presidente ocupam cargos públicos e devem representar a população, exercendo o poder em nome dela. Eles são responsáveis pelos serviços públicos e devem se comprometer a cuidar da saúde, da segurança e da educação dos habitantes, entre outras responsabilidades.

Eleições no Brasil

Os prefeitos, os governadores e o presidente do Brasil são escolhidos por meio de uma eleição. As eleições são realizadas de quatro em quatro anos. Por exemplo: houve eleição para presidente do Brasil e governadores de estado em 2014, portanto novas eleições ocorrerão em 2018; houve eleição para prefeitos dos municípios em 2016, portanto novas eleições ocorrerão em 2020. O processo eleitoral define também os cargos de vereadores, deputados (estaduais e federais) e senadores. Tanto homens como mulheres podem ser eleitos.

E quem pode votar? No Brasil o voto é obrigatório para brasileiros que saibam ler e escrever e tenham idade entre 18 e 70 anos. Jovens a partir de 16 anos e pessoas com mais de 70 anos podem escolher se querem ou não votar. Em muitos países o voto não é obrigatório, entre eles os Estados Unidos, o Japão e a Alemanha.

Delfim Martins/Pulsar Imagens

Esta fotografia mostra uma urna eletrônica, utilizada para registrar o voto dos eleitores. Ela é utilizada nas eleições em grande parte do Brasil.

ATIVIDADES

1 Qual é a capital do estado em que você mora?

_____

2 Com que estados brasileiros o estado em que você mora faz limite? Ele faz limite também com algum país da América do Sul? Se sim, com qual(is)?

_____

_____

3 Você leu no texto acima que o voto no Brasil é obrigatório para pessoas alfabetizadas, entre 18 e 70 anos. Em sua opinião, as pessoas deveriam escolher se querem votar? Converse com os colegas e o professor.

OS MUNICÍPIOS

Como você viu, os estados são divididos em municípios. Cada estado tem um número diferente de municípios. Roraima, por exemplo, é o estado brasileiro com o menor número de municípios (15) e Minas Gerais é o estado com o maior número de municípios (853). Em 2015 existiam 5 570 municípios no Brasil.

Observe nos mapas abaixo os limites do estado de Mato Grosso do Sul e dos seus municípios.

Observe nos mapas que os territórios dos estados e municípios são determinados por linhas, os limites. Dentro desses limites atuam as administrações estadual e municipal.

Adaptado de: IBGE. **Atlas geográfico escolar**. 6. ed. Rio de Janeiro, 2012. p. 90.

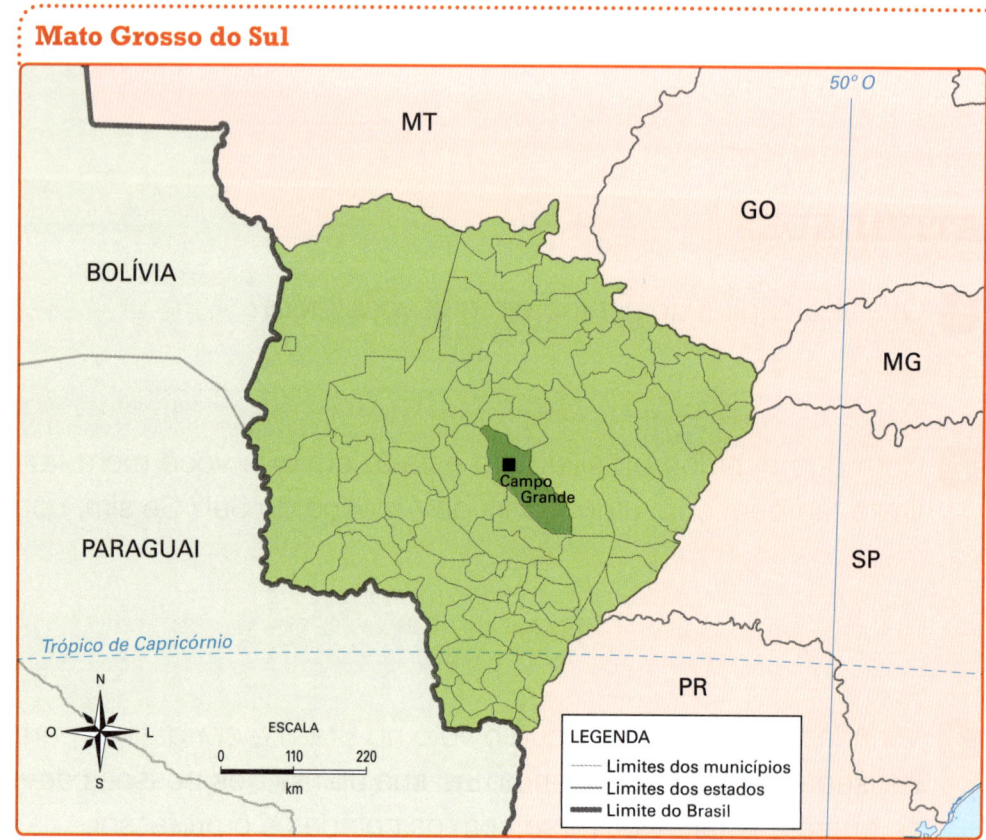

Adaptado de: IBGE Cidades. Disponível em: <www.cidades.ibge.gov.br/>. Acesso em: 26 abr. 2016.

Os municípios brasileiros são muito diferentes uns dos outros. Eles variam em relação às características naturais, como a presença de litoral, de importantes rios ou serras; e em relação às características culturais, como a extensão, o número de habitantes e as atividades econômicas principais. Muitos municípios têm zona rural e zona urbana, mas em alguns não existe mais a zona rural, por causa do crescimento da cidade.

As imagens abaixo mostram dois municípios onde a atividade do turismo é bastante desenvolvida, mas com características naturais bem diferentes.

Praia de Jatiúca, em Maceió (AL), em 2015.

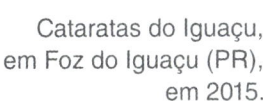

Cataratas do Iguaçu, em Foz do Iguaçu (PR), em 2015.

ATIVIDADES

1 Com base no mapa da página ao lado, responda:

a) Quais os estados brasileiros que fazem limite com Mato Grosso do Sul?

_____

_____

b) O estado de Mato Grosso do Sul faz limite com outros países? Quais?

_____

2 Em sua opinião e observando as fotografias acima, que características dos municípios retratados atraem os turistas?

OS LIMITES INTERNOS DO BRASIL

Você sabia que o Brasil nem sempre esteve dividido em 26 estados e que a capital do nosso país nem sempre foi Brasília? Observe nos mapas abaixo a evolução dos limites internos do Brasil.

Brasil: divisão política (1945)

Em 1945 o Brasil possuía territórios federais. Eles não tinham governo próprio e eram administrados pelo governo federal.

Adaptado de: IBGE. **Atlas geográfico escolar**. 2. ed. Rio de Janeiro, 2004. p. 100.

Brasil: divisão política (1960)

Em 1960 foi criado o estado da Guanabara, na área antes ocupada pela capital do Brasil, que foi transferida para Brasília.

Adaptado de: IBGE. **Anuário estatístico do Brasil 1997**. Rio de Janeiro, 1997.

Brasil: divisão política atual

Adaptado de: IBGE. **Atlas geográfico escolar**. 6. ed. Rio de Janeiro, 2012. p. 90.

Atualmente não existem mais territórios federais, pois foram transformados em estados ou foram incorporados a outros já existentes, como Fernando de Noronha, que passou a fazer parte de Pernambuco.

ATIVIDADES

1. Observe com atenção nos mapas apresentados o estado de Mato Grosso. Quais transformações você percebe no território desse estado ao longo dos anos?

2. Agora observe o território do estado de Goiás nos mapas. Quais transformações você identifica?

3. Que outras transformações você identifica observando os mapas?

4. Quando Brasília se transformou em capital federal? Qual era a capital do Brasil antes de Brasília?

REGIONALIZAÇÕES DO BRASIL

AS REGIÕES DO IBGE

Como você já estudou, o Brasil é um país bastante extenso e apresenta características naturais, econômicas e culturais muito diversas. Essas características combinadas resultam em paisagens muito diferentes.

Para facilitar a compreensão e a administração de todo o território brasileiro, o IBGE, órgão do governo federal, agrupou os estados com semelhanças físicas, econômicas e sociais, criando cinco regiões.

Observe o mapa a seguir.

Adaptado de: IBGE. **Atlas geográfico escolar**. 6. ed. Rio de Janeiro, 2012. p. 94.

Observe no mapa que o IBGE utilizou alguns limites estaduais também como limites das regiões. Dessa forma, é possível pesquisar e organizar as informações do país, como o número de habitantes e as atividades econômicas desenvolvidas, por exemplo, e assim saber as necessidades de cada região, informando ao governo onde é necessário mais investimento em hospitais, escolas, na construção de estradas, de moradias, etc.

AS REGIÕES GEOECONÔMICAS

Outra divisão regional do território brasileiro foi elaborada pelo geógrafo Pedro Pinchas Geiger, em 1967. Nessa proposta, o território é dividido em três regiões, delimitadas levando em consideração principalmente as características históricas, econômicas e sociais do território. Observe o mapa e identifique as diferenças em relação à divisão regional do IBGE.

Amazônia: região onde se localiza a floresta Amazônica. Ela é pouco povoada e as principais atividades econômicas são o extrativismo vegetal, a mineração e a agricultura.

Adaptado de: IBGE. **Atlas geográfico escolar**. 6. ed. Rio de Janeiro, 2012. p. 152.

Nordeste: região que apresentava, historicamente, os níveis mais baixos de desenvolvimento, em razão da grande concentração da renda e das propriedades de terra. Nas últimas décadas, porém, passou por grande crescimento agrícola, industrial e turístico.

Centro-Sul: região onde se concentra a maior parte da população brasileira. Apresenta, entre suas principais atividades, agricultura mecanizada, indústrias e um setor de comércio e serviços amplo e desenvolvido.

ATIVIDADES

1 De acordo com a regionalização do IBGE, em que região se localiza o estado onde você mora? E de acordo com a regionalização de Pedro Pinchas?

2 Observe no mapa das regiões geoeconômicas do Brasil que alguns estados apresentam território em regiões diferentes. Quais são eles?

3 Qual é a principal diferença entre as duas regionalizações apresentadas?

ATIVIDADES DO CAPÍTULO

1. Observe a fotografia e depois responda às questões.

Rio de Janeiro (RJ), em 2014.

a) O que mostra a imagem?

_____

_____

b) Em sua opinião, qual é a relação entre a situação retratada na imagem e a globalização? Converse com os colegas e o professor.

2. Complete o quadro com as palavras em destaque e depois faça o que se pede.

| Prefeito e vice-prefeito | Governador e vice-governador | Presidente e vice-presidente |

	Município	Estado	País
Quem administra?			

a) Faça uma pesquisa sobre as funções de cada governante indicado no quadro. Converse com familiares e pesquise na internet. Anote suas descobertas no caderno e, depois, compartilhe-as com os colegas.

b) Em sua opinião, é importante a população eleger seus representantes? Por quê? Converse com os colegas e o professor e depois escreva sua resposta.

_____

_____

_____

3. Leia a seguir o trecho de uma notícia e depois responda às questões.

Brasil tem índice recorde de 1,6 milhão de casos de dengue em 2015

Em 2015, foram registrados 1 649 008 casos prováveis de dengue no país, segundo relatório epidemiológico do Ministério da Saúde. [...]

Em 2015, a região Sudeste registrou o maior número de notificações (1 026 226 de casos; 62,2%) em relação ao total do país. Em seguida vêm as regiões Nordeste (311 519 casos; 18,9%), Centro-Oeste (220 966 casos; 13,4%), Sul (56 187 casos; 3,4%) e Norte (34 110 casos; 2,1%).

G1. Disponível em: <http://g1.globo.com/bemestar/noticia/2016/01/pais-teve-16-milhao-de-casos-de-dengue-em-2015.html>. Acesso em: 27 abr. 2016.

Ministério da Saúde: órgão do governo federal responsável pela organização e elaboração de políticas públicas para a promoção, prevenção e assistência à saúde dos brasileiros.

a) Qual é o assunto tratado na notícia?

_____

b) Quais são as regiões brasileiras citadas na notícia?

_____

c) De acordo com o que você estudou no capítulo, qual é a regionalização utilizada no relatório do Ministério da Saúde?

☐ Regiões do IBGE.   ☐ Regiões geoeconômicas.

d) Você sabe o que é dengue? Faça uma pesquisa sobre essa doença e descubra como ela é transmitida e quais são as formas de prevenção. Faça suas anotações no caderno. Depois converse com o professor e os colegas sobre os casos registrados no relatório do Ministério da Saúde.

CAPÍTULO

3 O BRASIL E SUAS CARACTERÍSTICAS

AS PAISAGENS BRASILEIRAS

Chamamos de paisagem tudo aquilo que pode ser visto e percebido em um lugar, em determinado momento. O que observamos em uma paisagem é o resultado da combinação entre os elementos naturais (clima, relevo, vegetação, etc.) e os elementos culturais, produzidos pelo ser humano (construções, lavouras, pastagens, etc.).

lavouras: plantações.

O Brasil apresenta grande variedade de paisagens, em razão da sua extensão territorial, das características naturais e da forma como o espaço vem sendo transformado pelas atividades humanas ao longo da história do país. Observe nas imagens alguns exemplos da variedade de elementos naturais e culturais que compõem as diversas paisagens brasileiras.

1

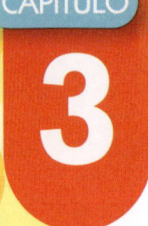

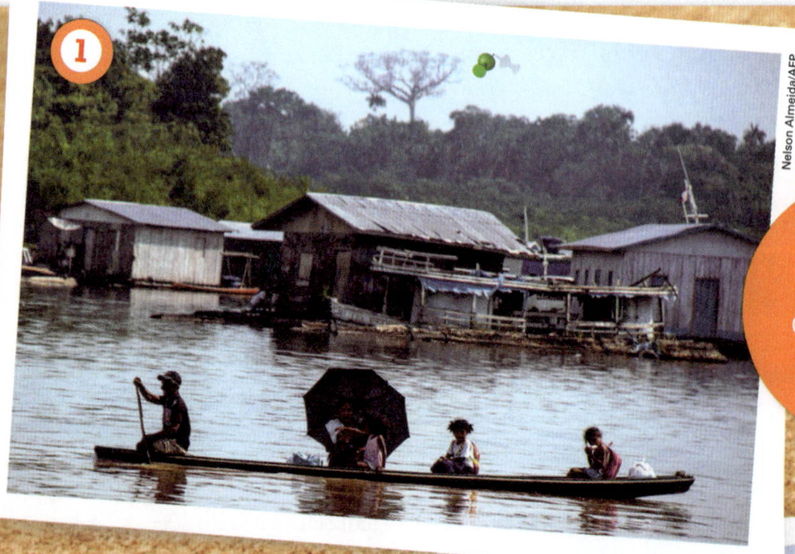

Nelson Almeida/AFP

Comunidade ribeirinha em Carauari (AM), em 2015.

2

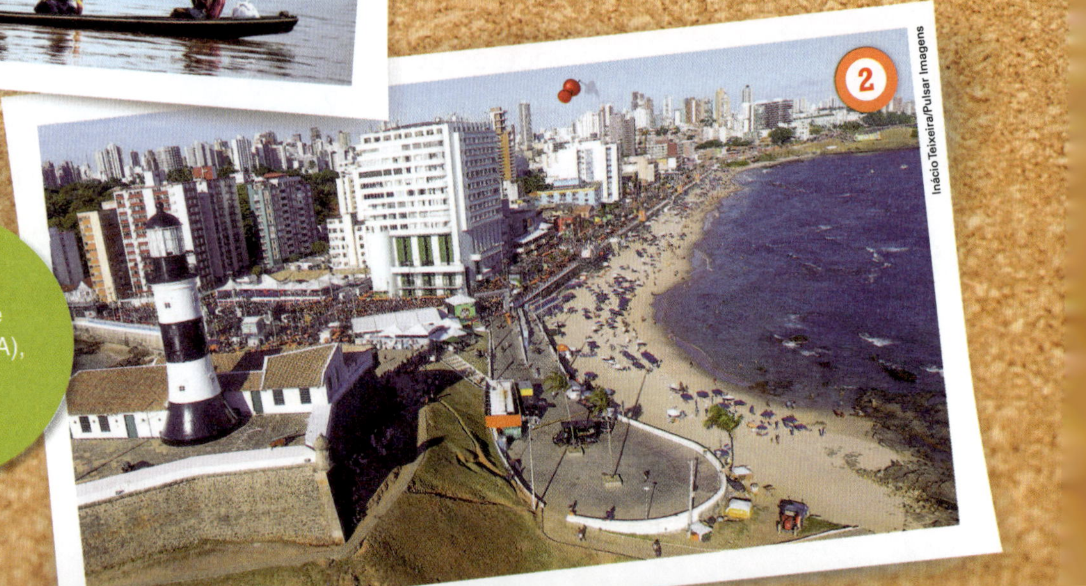

Inácio Teixeira/Pulsar Imagens

Cidade de Salvador (BA), em 2016.

ATIVIDADES

1. Observando as imagens, que elementos naturais e culturais você identifica em cada uma delas?

2. Em sua opinião, qual das imagens mostra maior interferência do ser humano na paisagem? Converse com os colegas e o professor.

3. Alguma das paisagens apresentadas é parecida com a do lugar onde você mora? Identifique elementos semelhantes e diferentes.

3 Plantação de trigo em Cornélio Procópio (PR), em 2015.

4 Comunidade rural em Belo Vale (MG), em 2015.

A MISTURA DE POVOS

miscigenação: mistura de povos de diferentes etnias.

Vários povos fazem parte da história do Brasil e foi da miscigenação deles que se originou o povo brasileiro. Essa miscigenação pode ser observada nos traços físicos das pessoas e nos costumes e tradições herdados.

Diversos povos indígenas habitavam as terras que hoje conhecemos como Brasil quando os europeus, especialmente os portugueses, chegaram e a ocuparam, no início do século 16. Pouco tempo depois, os portugueses trouxeram à força africanos de diferentes povos para trabalhar como escravos. Mais tarde, outros povos vieram para o Brasil, entre eles italianos, espanhóis, alemães, sírios e japoneses.

Todos esses povos deram origem ao povo brasileiro.

Menina afrodescendente em Araruama (RJ). Fotografia de 2015.

Mulher descendente de portugueses em São Paulo (SP). Fotografia de 2016.

Menino indígena em Jordão (AC). Fotografia de 2016.

Menina descendente de alemães em Santa Maria (RS). Fotografia de 2016.

Homem descendente de japoneses em São Paulo (SP). Fotografia de 2016.

ATIVIDADES

1 Qual é a origem do povo brasileiro?

_____

_____

2 Como é possível perceber a miscigenação do povo brasileiro observando as fotografias da página ao lado?

3 Encontre na sopa de letras as palavras de origem indígena e africana que costumamos utilizar no dia a dia.

Origem indígena
mandioca
pipoca   caju

Origem africana
abóbora
quiabo   fubá

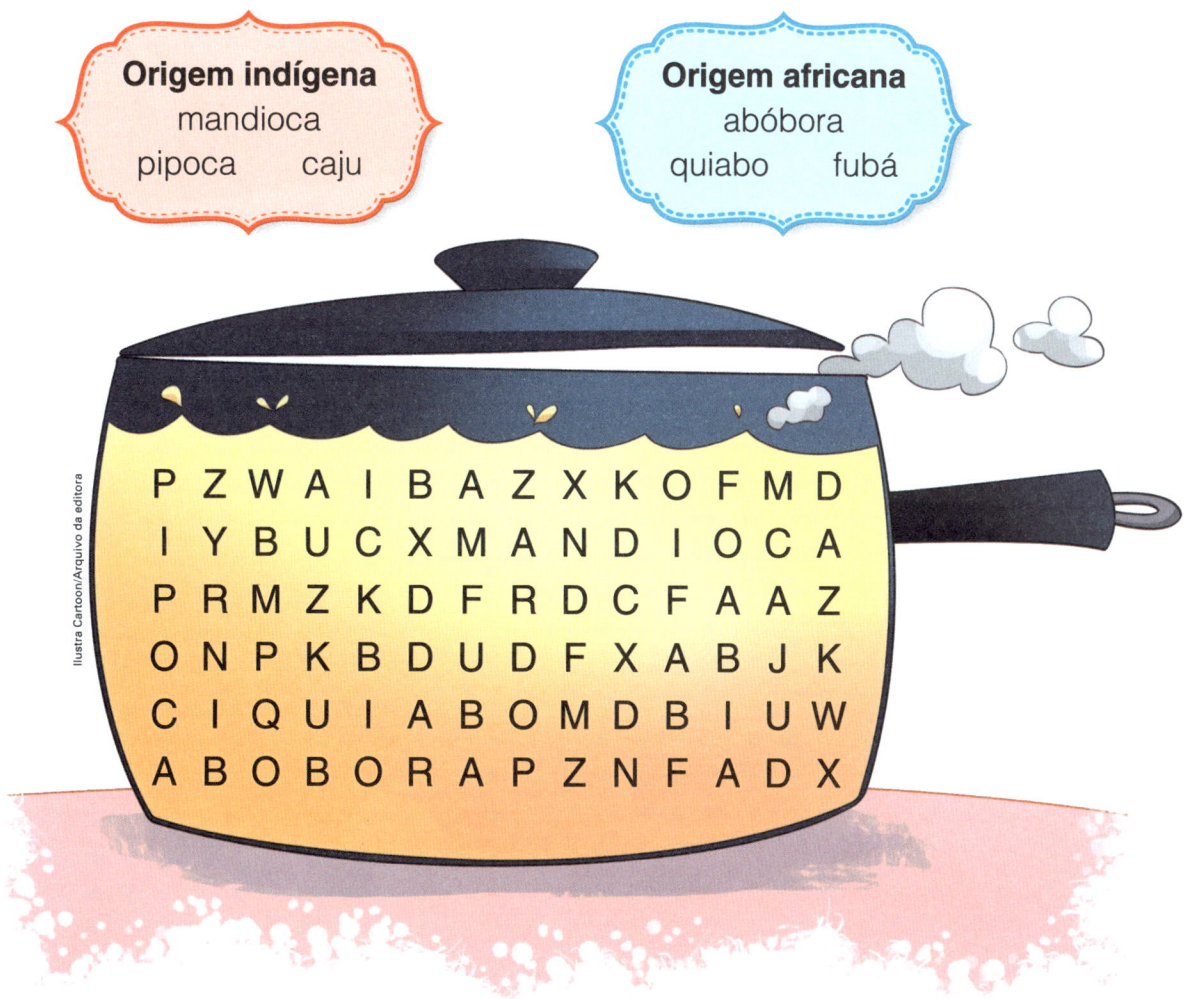

a) Você já conhecia essas palavras? Procure no dicionário o significado das que você não conhece e anote no caderno.

b) Por que utilizamos palavras de origem indígena e africana?

OS PROBLEMAS SOCIAIS NO BRASIL

Observe nas imagens abaixo dois exemplos de escolas no Brasil. Que diferenças você observa entre elas?

Escola em Fortaleza (CE), em 2013.

Escola em Belterra (PA), em 2014.

Observando as imagens, é possível perceber grande desigualdade nas condições das duas escolas brasileiras. Essas desigualdades estão presentes em muitas outras situações no país, como nas condições de moradia, de emprego e de acesso a serviços de saneamento básico. Essas desigualdades são chamadas **desigualdades sociais**.

Um dos motivos das desigualdades sociais existentes no Brasil é a má **distribuição de renda** entre a população. Observe a ilustração.

Distribuição de renda desigual

O salário é o principal componente da renda da maioria das pessoas. Grande número de brasileiros não recebe salário suficiente para atender suas necessidades básicas de educação, alimentação e saúde, por exemplo.

34

Nas últimas décadas ocorreram algumas mudanças que refletiram na melhoria da qualidade de vida de muitos brasileiros, entre elas a expansão do acesso a energia elétrica e a água tratada e encanada nas moradias.

Outro indicador da melhoria da qualidade de vida foi o aumento da expectativa de vida dos brasileiros e a diminuição da mortalidade infantil, por causa de melhores condições de saúde da população.

expectativa de vida: número que indica quantos anos, em média, vive a população.

ATIVIDADES

1 Observe as imagens e depois responda às questões.

Piracicaba (SP), em 2015.　　　　Carapicuíba (SP), em 2014.

a) Que desigualdades sociais você identifica nas imagens?

_____

_____

b) Em sua opinião, como essas desigualdades se refletem na qualidade de vida dos moradores? Converse com os colegas e o professor.

2 Você identifica algum problema no bairro onde vive, que interfira na qualidade de vida dos moradores? Converse sobre isso com familiares que convivem com você. Depois converse com os colegas para saber se eles identificaram problemas no lugar onde moram.

ATIVIDADES DO CAPÍTULO

1. As cidades são exemplos marcantes da transformação das paisagens pela ação do ser humano. Observe a imagem abaixo e depois faça o que se pede.

Porto Velho (RO), em 2014.

a) Descreva a imagem acima, apontando os elementos naturais e culturais que você identifica. Em sua opinião, ela é uma paisagem? Por quê?

b) Imagine essa imagem sem a interferência do ser humano. Como você acha que ela seria? Faça um desenho em uma folha à parte. Depois, mostre-o aos colegas e converse sobre os desenhos de cada um.

2. Leia o texto a seguir e depois responda às questões.

> [...] Somos um povo mestiço, de cultura mestiça, o que quer dizer que somos o produto de várias misturas, que resultaram em coisas diferentes daquelas que lhes deram origem. [...]
>
> **África e Brasil africano**, de Marina de Mello e Souza. 3. ed. São Paulo: Ática, 2012. p. 128.

a) Em sua opinião, a autora pode estar falando do povo brasileiro? Por quê?

b) Como podemos identificar a miscigenação do povo brasileiro?

_____

_____

_____

3. Você sabe a origem da sua família? Converse com familiares para descobrir de onde são seus avós e bisavós. Procure saber também se vocês mantêm no dia a dia algum costume que vem sendo passado de pais para filhos. Faça suas anotações no caderno. Depois, compartilhe suas informações com os colegas em sala de aula.

4. Observe as imagens.

a) Em que atividades do dia a dia você utiliza energia elétrica e água?

_____

_____

_____

b) Como o acesso a serviços como energia elétrica e água tratada e encanada nas moradias contribui para a melhoria da qualidade de vida das pessoas? Converse com o professor e os colegas.

ENTENDER O ESPAÇO GEOGRÁFICO

GRÁFICOS DE POPULAÇÃO

Para conhecermos melhor a realidade social de um país, devemos investigar as características de sua população. Uma das informações importantes é saber como ela está distribuída de acordo com a idade e o sexo (mulheres e homens), por exemplo, e assim conhecer a proporção de jovens, adultos e idosos na população.

Informações desse tipo são muito importantes para que o governo possa planejar suas ações, de acordo com as necessidades da população.

A representação gráfica que mostra essas informações é chamada **pirâmide etária**. Você conhece esse tipo de gráfico?

Observe os dois gráficos de colunas abaixo.

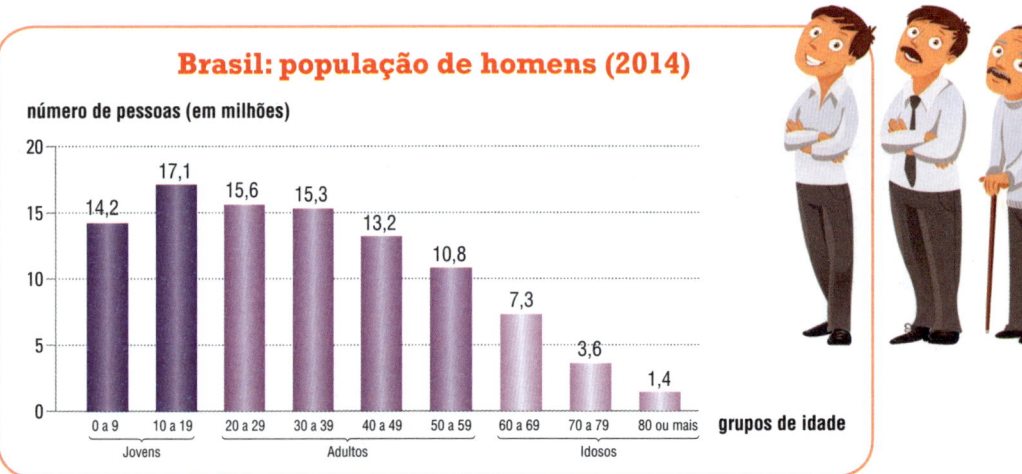

Brasil: população de homens (2014)

número de pessoas (em milhões)

Grupo de idade	Jovens		Adultos				Idosos		
	0 a 9	10 a 19	20 a 29	30 a 39	40 a 49	50 a 59	60 a 69	70 a 79	80 ou mais
Valor	14,2	17,1	15,6	15,3	13,2	10,8	7,3	3,6	1,4

Observe que os gráficos indicam a população de homens e mulheres e cada um deles está dividido em grupos de idade.

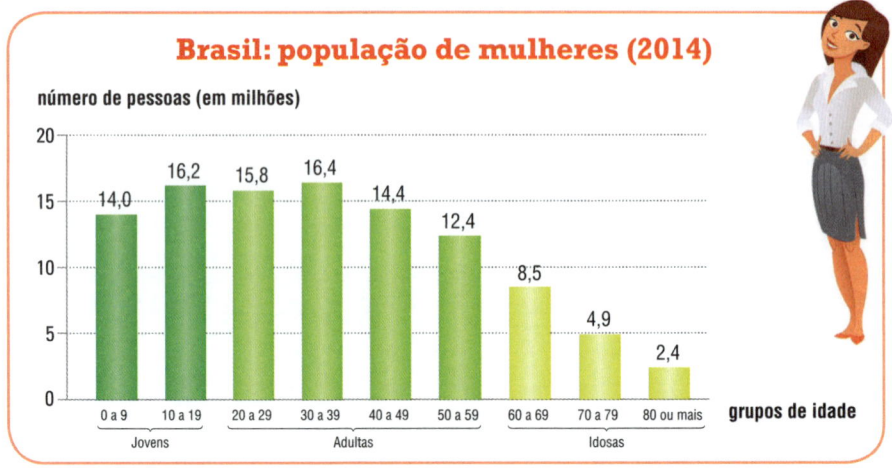

Brasil: população de mulheres (2014)

número de pessoas (em milhões)

Grupo de idade	Jovens		Adultas				Idosas		
	0 a 9	10 a 19	20 a 29	30 a 39	40 a 49	50 a 59	60 a 69	70 a 79	80 ou mais
Valor	14,0	16,2	15,8	16,4	14,4	12,4	8,5	4,9	2,4

Adaptado de: IBGE. **Pnad**. Síntese de Indicadores 2014. Disponível em: <http://biblioteca.ibge.gov.br/visualizacao/livros/liv94935.pdf>. Acesso em: 4 maio 2016.

Juntando os dois gráficos anteriores, podemos visualizar a distribuição de toda a população. Observe.

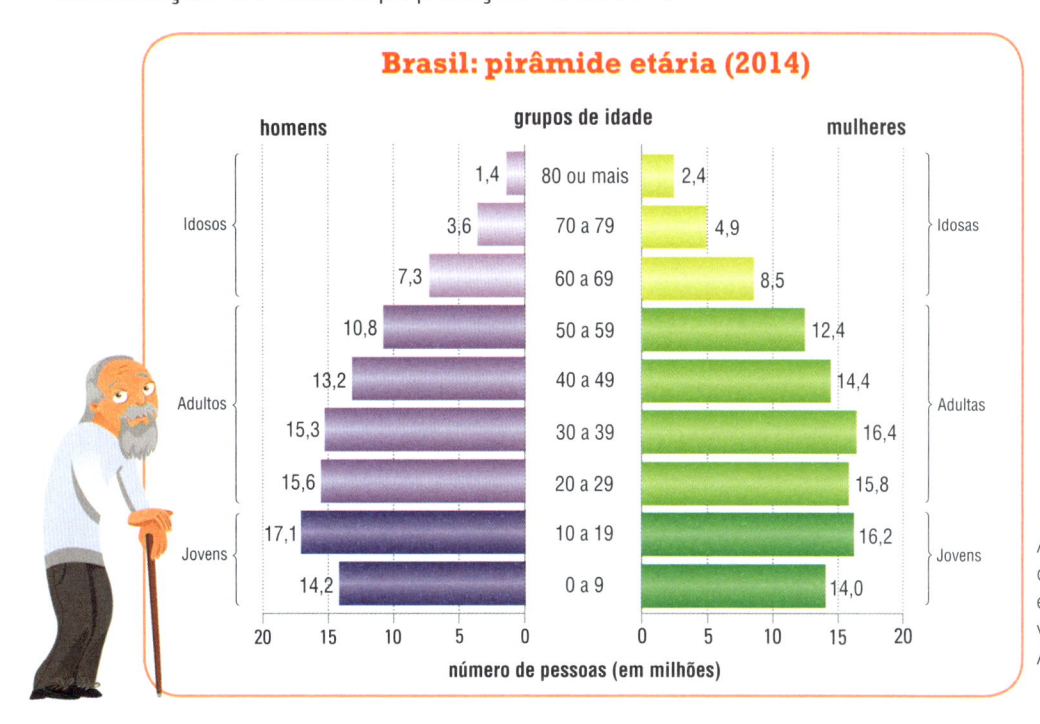

Brasil: pirâmide etária (2014)

grupos de idade

homens	idade	mulheres
1,4	80 ou mais	2,4
3,6	70 a 79	4,9
7,3	60 a 69	8,5
10,8	50 a 59	12,4
13,2	40 a 49	14,4
15,3	30 a 39	16,4
15,6	20 a 29	15,8
17,1	10 a 19	16,2
14,2	0 a 9	14,0

Idosos / Adultos / Jovens — Idosas / Adultas / Jovens

número de pessoas (em milhões)

Observe que as colunas dos gráficos da página ao lado foram transformadas em barras neste gráfico.

Adaptado de: IBGE. **Pnad**. Síntese de Indicadores 2014. Disponível em: <http://biblioteca.ibge.gov.br/visualizacao/livros/liv94935.pdf>. Acesso em: 4 maio 2016.

Observando a pirâmide etária da população brasileira podemos conhecer o número de pessoas em cada grupo de idade. Isso é muito importante para o governo planejar as políticas sociais, porque em cada fase da vida as necessidades mudam:

- Para os jovens, deve-se investir no ensino, melhorando as creches, escolas e universidades, entre outras coisas.
- Para os adultos, deve-se investir na geração de empregos para garantir que esse grupo possa receber salários que permitam o sustento da família, por exemplo.
- Para os idosos, deve-se investir sobretudo na assistência médica, além de garantir uma boa aposentadoria.

■ Você estudou nesta Unidade que, apesar de o Brasil apresentar muitos problemas sociais, alguns indicadores mostram melhorias na qualidade de vida da população, entre elas o aumento da expectativa de vida dos brasileiros.

a) O aumento da expectativa de vida dos brasileiros resulta:

☐ no aumento do número de idosos.   ☐ na diminuição do número de idosos.

b) Em sua opinião, além de assistência médica e aposentadoria, que outras ações o governo deve planejar para essa nova realidade da população brasileira?

LER E ENTENDER

Você estudou nesta Unidade que podemos participar da administração do município em que moramos por meio da eleição do prefeito e dos vereadores. Mas será que essa é a única forma de a população participar? Você conhece outra forma?

Descubra na **notícia** a seguir, sobre os moradores de um bairro do município de Tramandaí (RS), outra forma de participar da administração municipal.

Associação de Moradores do bairro Emboaba agradece Administração Municipal

A Associação de Moradores do bairro Emboaba fez uma lista de solicitações para a Administração Municipal [...] e as reivindicações começaram a ser atendidas, o que vem melhorando a vida da comunidade.

De acordo com o presidente da Associação de Moradores, Luis Fernando Carneiro Ferreira, entre as solicitações feitas à Administração Municipal estavam: colocar asfalto nas ruas onde passam os ônibus, instalar abrigos nas paradas, podar as árvores, arrumar a tubulação, fazer a terraplanagem, revitalizar a pracinha com área de esportes, instalar a academia ao ar livre, melhorar a iluminação pública e fazer a limpeza das ruas. [...]

Até agora a Secretaria de Obras e Limpeza Urbana melhorou as condições das ruas, fez a tubulação, fez a terraplanagem da área em que está a associação para que as crianças possam ter uma área nivelada para brincar e praticar esportes e melhorou a iluminação pública. [...]

João Carlos Machado dos Santos, que também faz parte da Associação, diz que as melhorias foram fundamentais na vida dos moradores. "Antes a rua 19 era uma buraqueira só, sempre que chovia alagava tudo. Agora não, podemos sair de casa tranquilos quando chove, e todas as ruas do bairro estão recebendo calçamento."

A esposa de Santos, Zila Terezinha, diz que está muito contente com as melhorias. "Agora as ruas estão mais iluminadas à noite, não alagam e as crianças podem jogar futebol aqui em frente da associação porque colocaram o aterro", diz.

Jornal Dimensão. 28 mar. 2016. Disponível em: <www.jornaldimensao.com.br/index.php/cidades/item/3897-associa%C3%A7%C3%A3o-de-moradores-do-bairro-emboaba-agradece-administra%C3%A7%C3%A3o-municipal>. Acesso em: 27 abr. 2016.

- Procure o significado das palavras do texto que você não conhece e anote no caderno.

ANALISE

1. Qual é o fato noticiado? Onde ele aconteceu?

   _____

   _____

2. Quais são as reivindicações dos moradores? Sublinhe-as no texto.

3. Até a data de publicação da notícia, as reivindicações dos moradores tinham sido atendidas?

   _____

   _____

   _____

   _____

4. As mudanças melhoraram a vida dos moradores do bairro? Explique.

   _____

   _____

   _____

RELACIONE

5. Você sabe o que é uma associação de moradores? Qual é o papel do presidente de uma associação? Faça uma pesquisa com familiares e na internet, se necessário.

6. Em sua opinião, a associação de moradores pode ser uma forma eficiente de participação na administração do município?

7. Você conhece alguma associação de moradores? Em seu bairro existe uma?

8. Imagine que você faça parte de uma associação de moradores de seu bairro. Quais são as reivindicações que você enviaria para a administração de seu município?

O QUE APRENDI?

Agora é hora de retomar as discussões realizadas nesta Unidade.

Melina Kuroiva/Arquivo da fotógrafa

1. Retome as questões da abertura da Unidade. Como você as responderia agora? Converse com os colegas e o professor.

2. Em sua opinião, qual a importância de locais como o retratado na imagem de abertura para a dinâmica do território brasileiro?

_____
_____
_____
_____
_____
_____
_____

3. Identifique e pinte, no mapa abaixo:

a) de vermelho, os países que fazem fronteira com o Brasil;

b) de verde, os países que não fazem fronteira com o Brasil;

c) com cinco cores diferentes das utilizadas, os estados do Brasil de acordo com a regionalização do IBGE. Complete a legenda;

d) com pontinhos, o estado em que você mora.

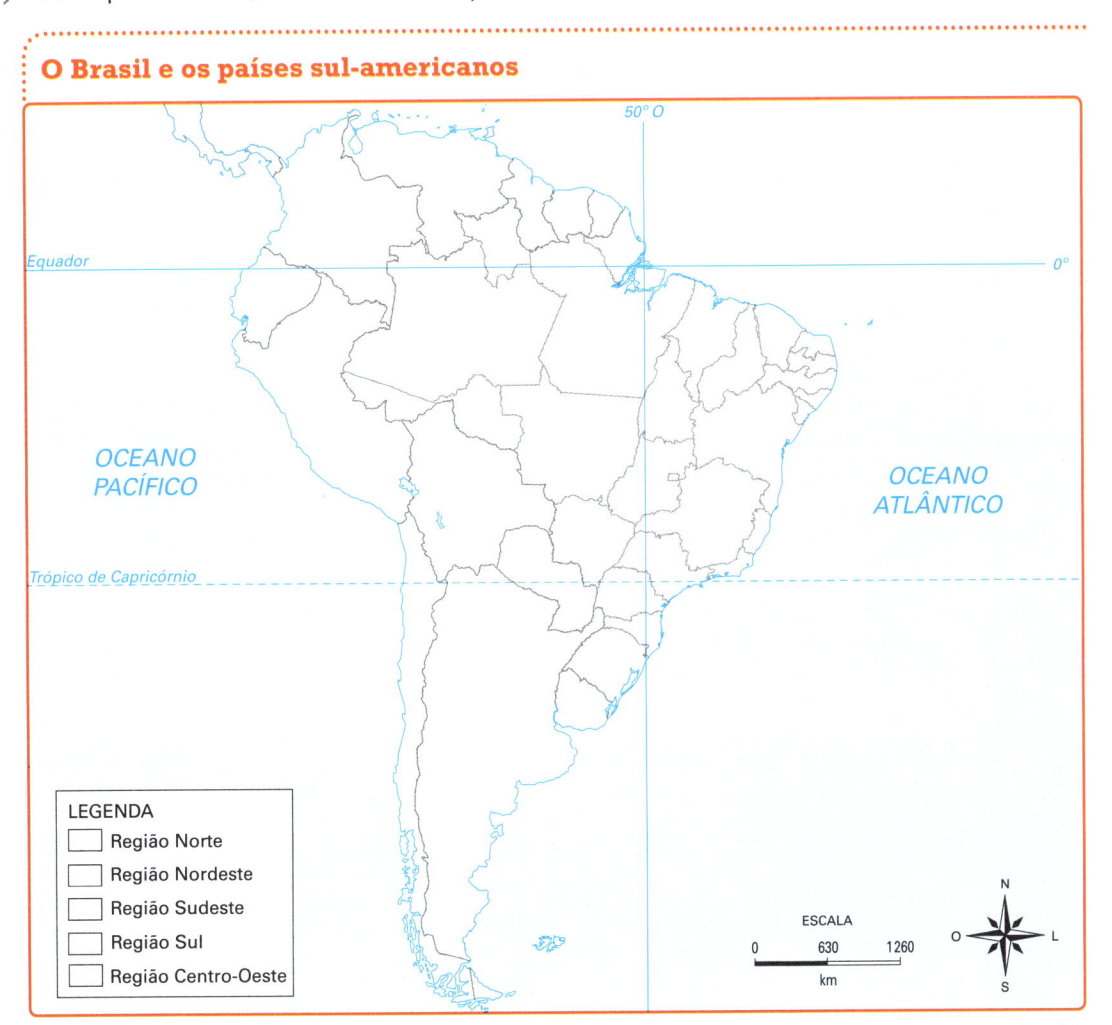

O Brasil e os países sul-americanos

LEGENDA
- Região Norte
- Região Nordeste
- Região Sudeste
- Região Sul
- Região Centro-Oeste

Adaptado de: IBGE. **Atlas geográfico escolar**. Rio de Janeiro, 2012. p. 41 e 94.

4. Reúna-se com dois colegas e criem um cartaz com rótulos de produtos encontrados no Brasil, mas que tenham sido fabricados em outros países. Crie legendas para cada rótulo, indicando o país de procedência. Depois responda à questão: A presença de grande número de produtos estrangeiros no Brasil é uma consequência da globalização? Converse com os colegas e o professor.

UNIDADE 2
REGIÃO NORTE

Ribeirinho paraense, pintura de Jonas Matos (sem data). Óleo sobre tela, 40 cm × 60 cm.

- O que você observa na imagem?
- A paisagem representada nesta obra se parece com o lugar onde você vive? Explique.
- Você sabe como é o modo de vida das pessoas que moram em um lugar como esse? Se não sabe, imagine!

CAPÍTULO 4

AS CARACTERÍSTICAS NATURAIS

A FLORESTA AMAZÔNICA

A região Norte do Brasil abrange a maior parte do território brasileiro e uma de suas principais características é a presença da floresta Amazônica em todos os estados. Ela é considerada a maior floresta tropical do mundo e abriga a maior **biodiversidade** do planeta.

A floresta Amazônica estende-se para além das fronteiras brasileiras e ocupa terras de outros países da América do Sul.

Além da floresta tropical, encontram-se também na região Norte outras formações vegetais, como o cerrado, principalmente no estado do Tocantins, e vegetações rasteiras, como os campos naturais, no Amapá e na ilha de Marajó.

Os solos da floresta Amazônica são, em sua maioria, pobres em nutrientes. As plantas absorvem os nutrientes provenientes de organismos em **decomposição** na camada superficial do solo.

biodiversidade: variedade de espécies de seres vivos presente num ecossistema.

decomposição: processo natural de transformação de organismos mortos em matéria orgânica, que pode ser absorvida por outros seres vivos.

A onça-pintada é um dos animais que vivem na floresta Amazônica.

Floresta Amazônica em Caracaraí (RR), em 2016. Na imagem também é possível ver o rio Anauá.

Observe no mapa ao lado a abrangência da floresta Amazônica.

A região Norte e a floresta Amazônica

Observe que a floresta Amazônica também ocupa áreas de estados da região Centro-Oeste e Nordeste do Brasil.

Veja no **Miniatlas** o mapa com as principais cidades da região Norte do Brasil.

Adaptado de: **Reference Atlas of the World**. London: Dorling Kindersley, 2007. p. 53.

LEGENDA
- Floresta Amazônica
- Limites da região Norte

ATIVIDADES

1 A afirmação abaixo é falsa ou verdadeira? Justifique sua resposta.

A floresta Amazônica ocupa apenas áreas dos estados da região Norte do Brasil.

2 Leia o texto abaixo.

A **serrapilheira** é a camada de folhas, galhos, frutos e animais mortos que fica na superfície do solo da floresta Amazônica. Ela é formada pela própria floresta. Com o tempo, os microrganismos presentes no solo (fungos e bactérias, por exemplo) vão decompondo esse material e transformando-o em matéria orgânica, alimento das plantas. Por isso é correto dizer que a serrapilheira sustenta a floresta.

- Sabendo disso, o que você acha que aconteceria com o solo da região se a floresta Amazônica fosse desmatada? Converse com os colegas e o professor.

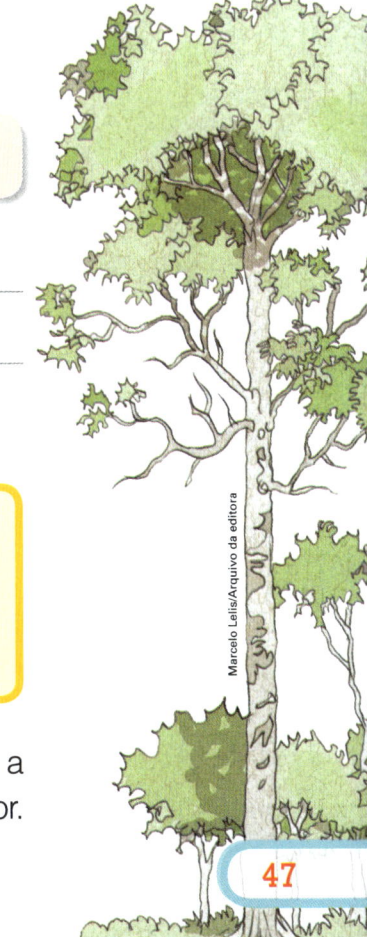

O CLIMA DA REGIÃO NORTE

Observe no planisfério ao lado a localização do Brasil em relação às zonas térmicas do planeta. Em qual zona está localizada a região Norte do Brasil?

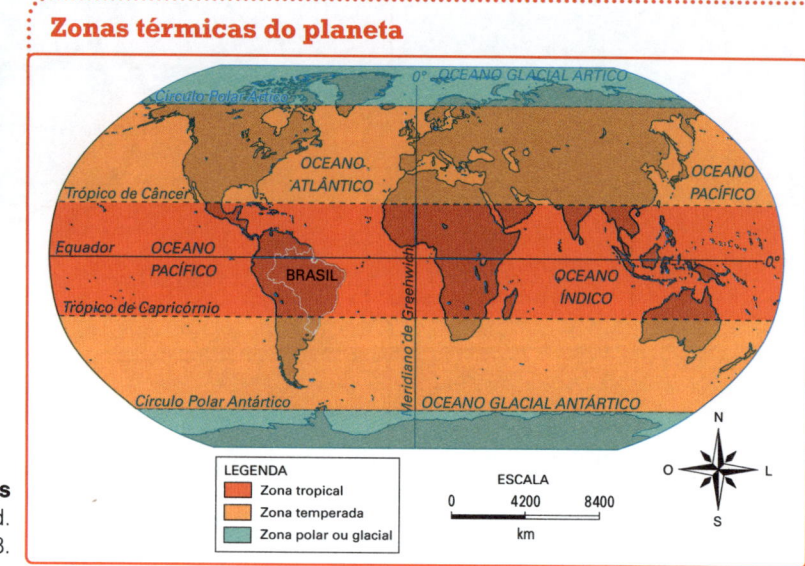

Zonas térmicas do planeta

LEGENDA
- Zona tropical
- Zona temperada
- Zona polar ou glacial

Adaptado de: IBGE. **Atlas geográfico escolar**. 6. ed. Rio de Janeiro, 2012. p. 58.

Além de a região Norte estar totalmente na zona tropical do planeta, a linha do equador atravessa alguns de seus estados. Qual é a relação disso com o clima da região?

Brasil: climas

LEGENDA
- Equatorial úmido
- Litorâneo úmido
- Tropical
- Tropical semiárido
- Tropical de altitude
- Subtropical úmido
- Limites da região Norte

Adaptado de: **Geoatlas**, de Maria Elena Simielli. 34. ed. São Paulo: Ática, 2014. p. 118.

As áreas próximas à linha do equador geralmente apresentam temperaturas altas e chuvas durante praticamente todo o ano. Esse clima, quente e chuvoso, é denominado **equatorial úmido**. Observe no mapa ao lado a abrangência desse clima no Brasil.

Em grande parte da região Norte é possível distinguir um período de chuvas intensas e temperaturas amenas, chamado inverno, e um período de chuvas menos intensas e temperaturas elevadas, chamado verão.

Nas áreas com altitudes um pouco mais elevadas, as temperaturas podem ser um pouco mais baixas.

A combinação de calor e umidade na Amazônia cria condições ideais para a existência da rica biodiversidade de plantas e animais.

Observando o mapa da página ao lado, é possível ver que, em algumas áreas da região Norte, como no estado do Tocantins, o clima predominante é o **tropical**. Esse também é um clima quente, mas que apresenta um período chuvoso e outro seco. O período de estiagem (sem chuvas) pode chegar a cinco meses, de maio a setembro.

As principais características do clima de uma região podem ser observadas em um gráfico chamado **climograma**. Nele, são representadas a quantidade de chuva (as colunas) e a temperatura (a linha) verificadas em determinado lugar, ao longo do ano. Observe os climogramas abaixo.

Manaus (AM) – clima equatorial úmido

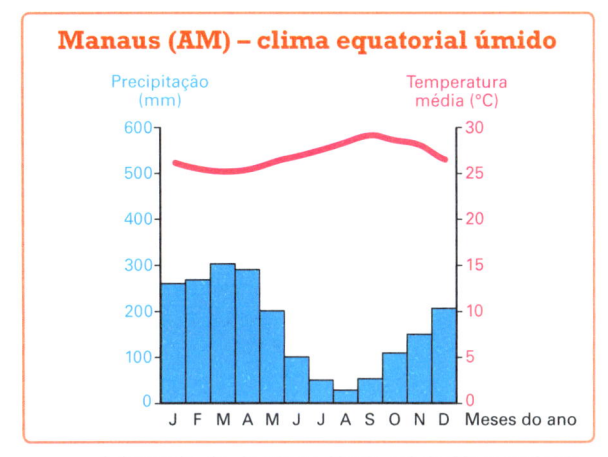

Adaptado de: **Instituto Nacional de Meteorologia**.
Disponível em: <www.inmet.gov.br>.
Acesso em: 30 abr. 2016.

Palmas (TO) – clima tropical

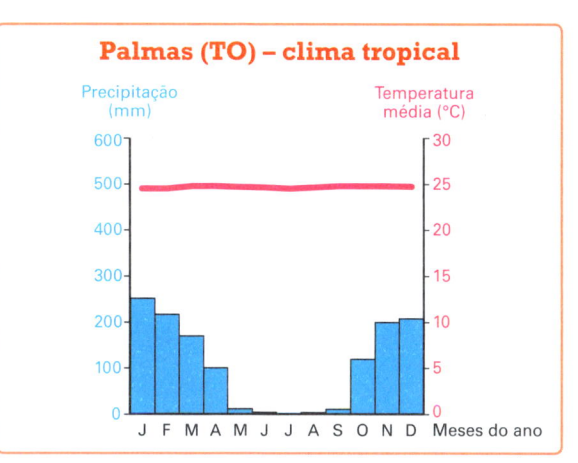

Adaptado de: **Instituto Nacional de Meteorologia**.
Disponível em: <www.inmet.gov.br>.
Acesso em: 30 abr. 2016.

ATIVIDADES

1 Qual a relação entre a posição do território brasileiro na zona tropical do planeta e o clima predominante na região?

2 Com base nos climogramas acima, responda:

a) Em Manaus chove em todos os meses do ano? Qual é o mês mais chuvoso? E o menos chuvoso?

b) Como as chuvas estão distribuídas ao longo do ano em Palmas?

3 Em sua opinião, qual a relação entre o clima predominante na região Norte e a existência da floresta Amazônica? Converse com os colegas e o professor.

O RELEVO E A HIDROGRAFIA DA REGIÃO NORTE

Observe no mapa abaixo as altitudes do relevo da região Norte do Brasil.

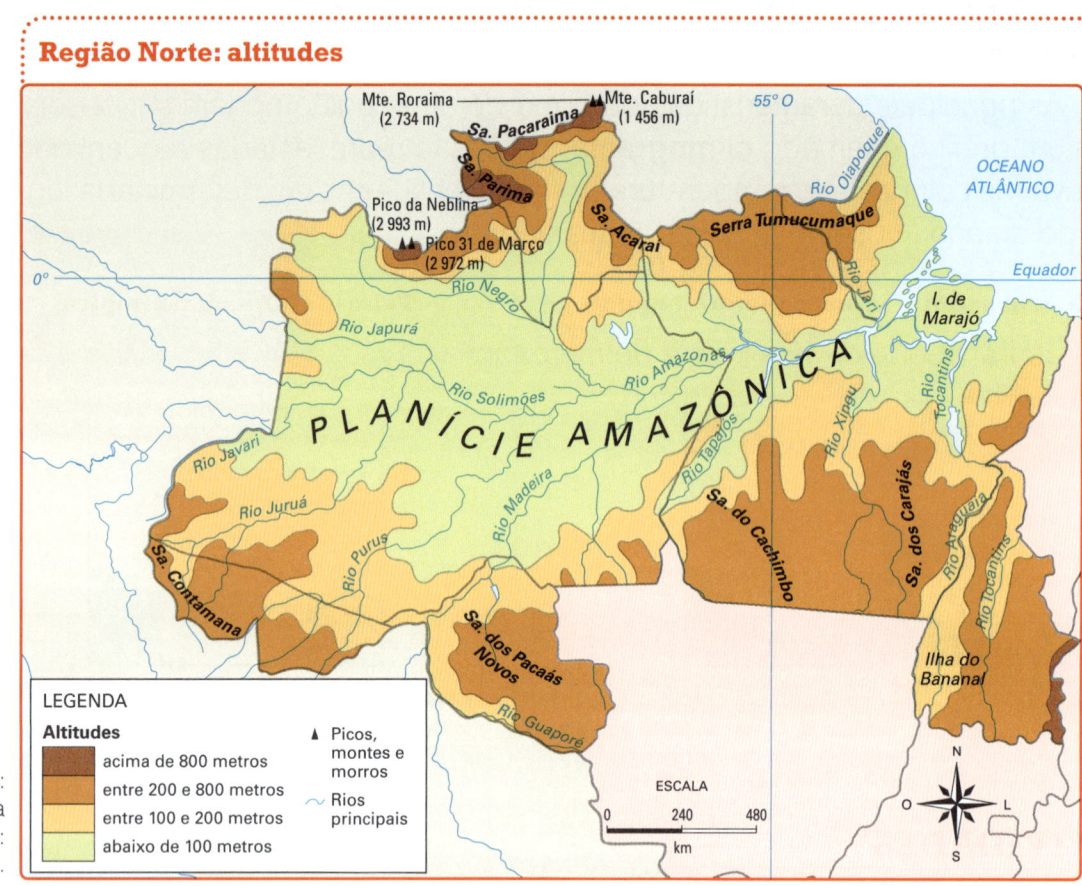

Região Norte: altitudes

Adaptado de: **Geoatlas**, de Maria Elena Simielli. 34. ed. São Paulo: Ática, 2014. p. 112.

Como você pode observar no mapa, o relevo da região Norte é predominantemente plano. Porém, é nessa região que está localizado o ponto mais alto do Brasil, chamado pico da Neblina, com 2 993 metros de altitude. Observando o mapa é possível perceber que as áreas mais baixas na região estão localizadas próximo aos principais rios.

Pico da Neblina, localizado na serra do Imeri, no município de Santa Isabel do Rio Negro (AM), em 2014.

A abundância de chuvas contribui para a existência de muitos rios nessa região, entre eles o rio Amazonas, considerado o mais extenso do mundo.

O rio Amazonas nasce na cordilheira dos Andes, no Peru. Ao entrar em território brasileiro, é chamado de Solimões e, apenas depois de receber as águas do rio Negro, passa a se chamar Amazonas. Desde sua nascente até a foz esse rio percorre aproximadamente 7 000 quilômetros.

Grande parte dos rios da região percorrem relevos planos e por isso são muito utilizados como via de transporte de pessoas e de mercadorias. Em algumas áreas não existem estradas e o transporte é feito exclusivamente pelos rios.

Rio Amazonas em Manaus (AM), em 2014.

ATIVIDADES

- As diferenças no relevo e a proximidade com os rios determinam a existência de diferentes tipos de mata na floresta Amazônica:

  - **Mata de terra firme** – aparece em áreas mais elevadas, que nunca são alagadas pelas cheias dos rios. Nessas áreas, as árvores são mais altas, chegando a 60 metros de altura.

  - **Mata de várzea** – ocorre em áreas que são alagadas nos períodos das cheias. Nessa mata, as árvores atingem até 20 metros de altura.

  - **Mata de igapó** – surge em áreas que ficam sempre alagadas.

  Complete a ilustração abaixo com os tipos de mata, de acordo com a descrição de suas características.

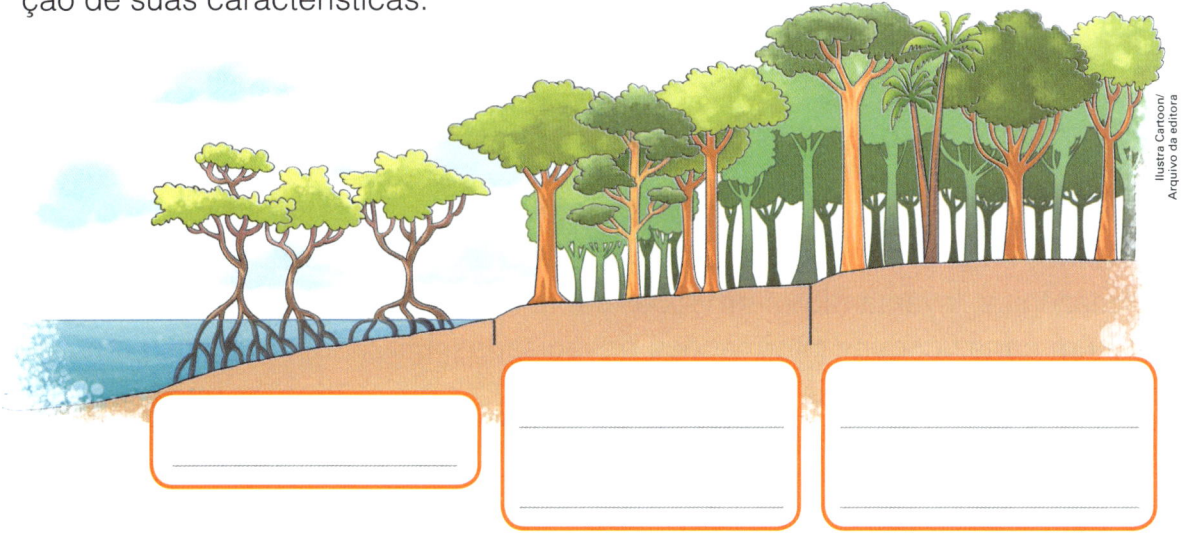

ATIVIDADES DO CAPÍTULO

1. Pinte no mapa abaixo cada estado da região Norte com uma cor diferente e nomeie cada um. Depois, localize o principal rio da região, escreva o nome dele no mapa e circule o nome do país onde ele nasce.

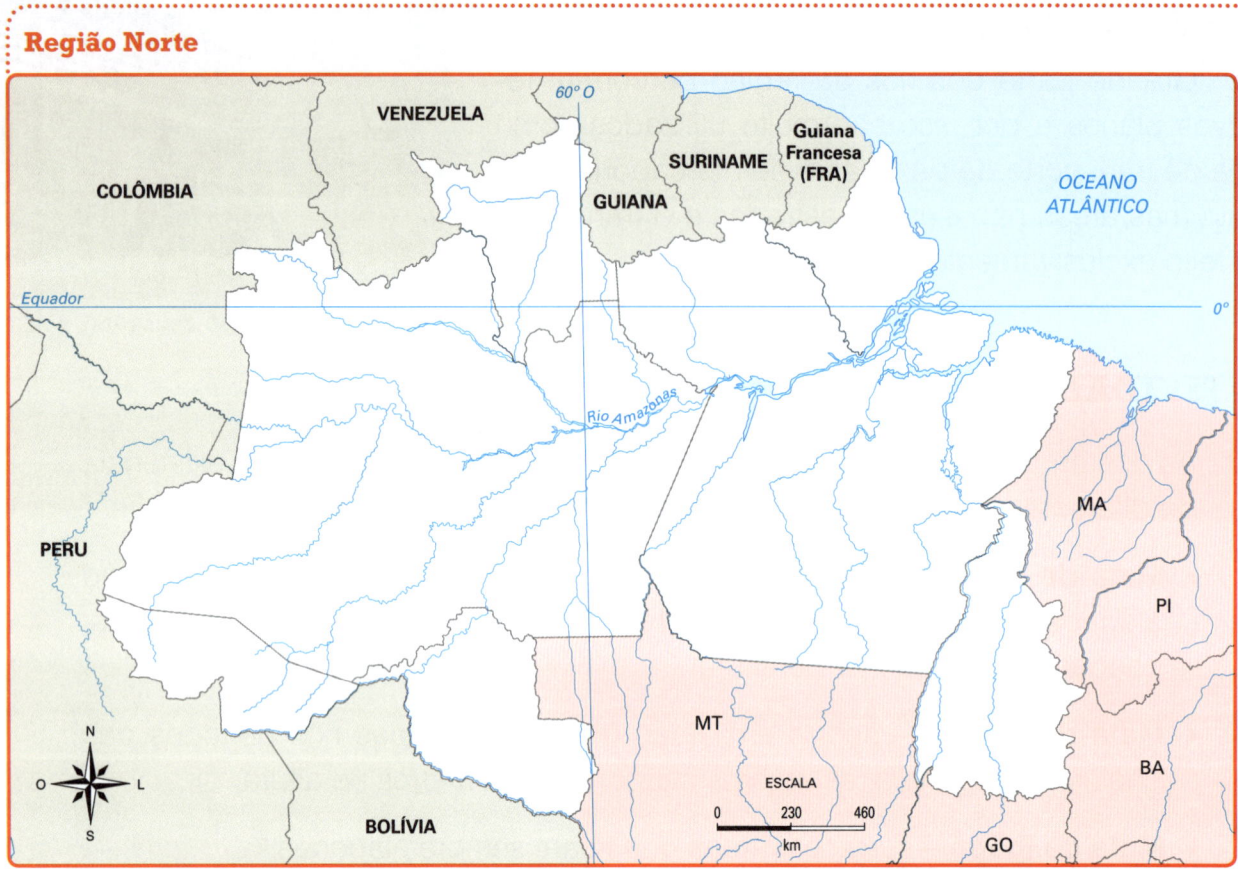

Região Norte

Adaptado de: IBGE. **Atlas geográfico escolar**. 6. ed. Rio de Janeiro, 2012. p. 94.

2. Em sua opinião, qual é a importância da floresta Amazônica? Converse com os colegas e o professor.

3. Você viu neste capítulo que a floresta Amazônica tem a maior biodiversidade do mundo. Faça em grupo uma pesquisa sobre os animais que vivem na floresta Amazônica, levantando informações sobre suas principais características. Produza um cartaz com as informações pesquisadas, utilizando imagens para ilustrar. Lembre-se de identificar as imagens.

4. Leia o texto abaixo. Você sabe o que significam **rios voadores**?

> **O caminho dos rios voadores**
>
> [...] Engana-se quem pensa que as chuvas que ocorrem no Brasil são provenientes apenas da umidade que vem do oceano Atlântico [...]. Boa parte delas se origina da evaporação e da transpiração da floresta Amazônica, que formam uma quantidade enorme de vapor de água que se desloca da região Norte até o Sul do país. [...]
>
> **Rios voadores revelam a importância da Amazônia**, de Thays Prado. Disponível em: <http://planetasustentavel.abril.com.br/noticia/ambiente/conteudo_429796.shtml>. Acesso em: 1º maio 2016.

a) Sublinhe no texto os termos abaixo. Qual o significado deles? Se necessário, procure em um dicionário.

evaporação: _____

transpiração: _____

vapor de água: _____

b) O texto destaca um importante papel da floresta Amazônica. Qual é ele?

c) Em sua opinião, qual é o significado do título do texto?

d) Faça em uma folha à parte um desenho que represente o processo descrito no texto. Depois, mostre-o para os colegas e o professor.

CAPÍTULO

5 AS TRANSFORMAÇÕES NAS PAISAGENS

A POPULAÇÃO DA REGIÃO NORTE

Se grande parte da região Norte do Brasil é ocupada pela floresta Amazônica, como você estudou no capítulo anterior, quem são e onde vivem os seus habitantes?

A região Norte é a região menos povoada do Brasil. A maioria de sua população vive nas cidades, sendo Manaus e Belém as mais populosas. Nas áreas ocupadas pela floresta, vivem pequenos agricultores, comunidades extrativistas (seringueiros, castanheiros e ribeirinhos) e povos indígenas. Os descendentes de indígenas são a maioria da população.

ribeirinhos: pessoas que vivem nas margens dos rios e geralmente vivem da caça, da pesca e de pequenos cultivos.

As cidades se desenvolveram principalmente ao longo das estradas e dos rios, que, desde o período da colonização do país, são vias importantes para o deslocamento na região.

Veja no **Miniatlas** o mapa com as principais cidades da região Norte.

A primeira atividade econômica importante na região foi a produção de borracha, que alcançou seu auge entre 1870 e 1910. Nesse período houve uma grande migração de pessoas para a região.

Vista de Manaus (AM), em 2016. Na fotografia é possível observar o Teatro Amazonas, construído em 1896. Ele é um símbolo do apogeu econômico da cidade no período de grande produção de borracha.

Os povos indígenas

A região Norte é a região do país que abriga o maior número de pessoas indígenas no Brasil. Em segundo lugar está a região Nordeste e, em terceiro, a Centro-Oeste. A maioria delas vive nas **Terras Indígenas**, reservas demarcadas pelo governo federal para usufruto exclusivo de povos indígenas.

Os indígenas fazem parte de inúmeros povos, que apresentam muitas diferenças entre si quanto à língua falada, à organização social, aos rituais, às habitações, etc.

Entre os povos com maior número de pessoas na região Norte estão os Ticuna, os Yanomami e os Macuxi. Esses e alguns outros povos indígenas ocupam áreas de fronteira entre dois e até três países. Os Ticuna estão na fronteira do Brasil com o Peru e a Colômbia; já os Yanomami e os Macuxi estão na fronteira do Brasil com a Venezuela.

Indígenas yanomami em Barcelos (AM), em 2012.

ATIVIDADES

1 Em sua opinião, por que a região Norte é a menos povoada do país?

2 Qual é a relação entre os rios e estradas e o processo de ocupação da região?

LEITURA DE IMAGEM

OS INDÍGENAS E A TECNOLOGIA

Qual é a primeira imagem que vem à sua cabeça quando você ouve falar em povos indígenas? Converse com os colegas e o professor.

OBSERVE

Senado federal, em Brasília (DF), em 2015.

I Jogos Mundiais dos Povos Indígenas, em Palmas (TO), em 2015.

1. O que você observa em cada imagem? Converse com os colegas e o professor.

ANALISE

2. Quem são as pessoas na imagem? Como você as identificou?

   _____

   _____

3. Em sua opinião, para que essas pessoas estão utilizando o computador na imagem 1? E o celular na imagem 2?

   _____

   _____

   _____

4. Você já tinha visto imagens de indígenas utilizando equipamentos eletrônicos? Converse com os colegas.

RELACIONE

5. Em sua opinião, o contato com outras culturas pode destruir a cultura dos povos indígenas, afastando-os de suas raízes? Conhecer outras culturas significa que temos de escolher qual é a melhor? Converse com os colegas e o professor.

6. De que maneira a utilização das tecnologias disponíveis atualmente pode ser uma forma de os povos indígenas preservarem a sua cultura?

7. Reúna-se com dois colegas e façam uma pesquisa sobre a influência dos povos indígenas no dia a dia de vocês. Consultem familiares, livros e a internet para descobrir alimentos, vestimentas, esportes, entre outros costumes de origem indígena que façam parte do cotidiano de muitos brasileiros.

   Depois, com toda a turma, montem um cartaz com o título: **Costumes de origem indígena que fazem parte da nossa vida**. Afixem o cartaz no mural da sala de aula.

AS ATIVIDADES ECONÔMICAS DA REGIÃO NORTE

A região Norte apresentou seu primeiro grande desenvolvimento econômico no fim do século 19 e início do século 20, com a produção de borracha a partir do látex extraído das seringueiras, árvores típicas da floresta da região. Foi nesse período que Belém e Manaus experimentaram grande crescimento e que o Brasil foi o maior fornecedor mundial de borracha.

Entretanto, a produção da borracha entrou em declínio porque outras regiões do mundo começaram a plantar seringueiras e a vender borracha com preços mais baixos. A região passou então por um período de estagnação econômica e isolamento em relação às outras áreas do território brasileiro.

Na década de 1960, para integrar novamente a região à economia nacional e assegurar o domínio dessa imensa área (e protegê-la dos interesses de outros países), o governo federal incentivou a ocupação da região Norte. Foram criados grandes projetos, como a construção de estradas, a exemplo da Belém-Brasília e da Transamazônica, a implantação de projetos para exploração dos minérios, como o Grande Carajás (PA), a construção de usinas hidrelétricas, que geram energia para as cidades e para o desenvolvimento de atividades econômicas, além da criação de um polo industrial, a Zona Franca de Manaus.

Zona Franca de Manaus (AM), em 2014.

Rubens Chaves/Pulsar Imagens

Além disso, muitas pessoas migraram para a região Norte buscando investir em agricultura e pecuária. Atraídos pela abundância e pelos baixos preços das terras, muitos criadores de gado passaram a adquirir grandes fazendas na região.

Esses projetos, voltados para o desenvolvimento da região Norte, incentivaram o povoamento, mas também intensificaram a degradação da floresta por causa, principalmente, do desmatamento.

Outra atividade econômica muito desenvolvida na região Norte é o extrativismo vegetal. Ligadas a esse setor, destacam-se a extração de madeira, do látex, a colheita de açaí e de castanha-do-pará

Extração do látex em Xapuri (AC), em 2014.

Extração legal de madeira em Xapuri (AC), em 2012, certificada com o selo verde.

selo verde: certificado que comprova que a madeira foi retirada da floresta de forma ambientalmente correta.

Já as atividades econômicas ligadas ao setor de serviços, como bancos, escolas e universidades, concentram-se nas capitais, que dispõem também de comércio mais desenvolvido. Por isso, há uma concentração de pessoas principalmente em Manaus, Belém e Palmas.

No Brasil, existe a extração **legal** de madeira, que segue normas para que a floresta não seja prejudicada, e a extração **ilegal**, que prejudica a floresta, mas que ainda é muito praticada em nosso país.

ATIVIDADES

1 Quais são as principais atividades econômicas desenvolvidas na região Norte?

_____

_____

_____

2 Em sua opinião, existe relação entre a construção de Brasília, capital federal inaugurada em 1960, e os projetos do governo de ocupação da área da região Norte do país?

ALGUNS PROBLEMAS SOCIAIS E AMBIENTAIS DA REGIÃO NORTE

Apesar de a região Norte do Brasil ser a menos povoada, vem apresentando um grande crescimento populacional nos últimos anos. Manaus e Palmas estão entre as cidades brasileiras onde o crescimento foi maior. As áreas rurais também receberam muitos migrantes de outros estados em função do preço mais baixo das terras na região.

Mas grande parte da população vive em condições de extrema pobreza e sem acesso a serviços essenciais, como saúde e educação. A rede de saneamento básico ainda é pequena, e as taxas de analfabetismo e de mortalidade infantil estão entre as maiores do país.

A exploração de recursos naturais para o desenvolvimento da região tornou-se descontrolada. Grandes áreas da floresta Amazônica vêm sendo destruídas pela extração ilegal de madeira e para aumentar as áreas de produção agrícola e pecuária, com a prática das queimadas.

Além desses problemas, na região Norte ainda há poluição industrial, desmatamento da floresta e contaminação dos rios para a extração de minerais (garimpos) e construção de hidrelétricas.

taxa de analfabetismo: porcentagem de pessoas acima de 10 anos de idade que não sabem ler e escrever dentre a população de um determinado lugar.

taxa de mortalidade infantil: número de crianças que morrem antes de completar 1 ano de vida a cada mil nascidas vivas em um determinado lugar.

Mineração de cobre em Marabá (PA), em 2014.

Todas essas atividades vêm reduzindo de maneira significativa a área original ocupada pela floresta e prejudicando principalmente as comunidades indígenas e ribeirinhas, tradicionais da região.

Por esse motivo, tem-se atualmente uma grande preocupação com a exploração descontrolada dos recursos naturais da floresta Amazônica. Leia o texto a seguir, que trata desse assunto.

Como gerar emprego e renda para a população da Amazônia sem comprometer o equilíbrio da floresta?

A resposta para essa questão está em um modelo de **desenvolvimento sustentável**.

No desenvolvimento sustentável, procura-se garantir renda e geração de empregos para as pessoas sem afetar o equilíbrio ecológico, utilizando sabiamente os recursos naturais, para que eles também estejam disponíveis para as gerações futuras.

Embora ainda em quantidade reduzida, uma parcela da população já vem aplicando com sucesso algumas propostas de desenvolvimento sustentável na Amazônia, integradas à cultura local. A colheita do açaí e da castanha-do-pará são dois exemplos.

Colheita de castanha-do-pará em Brasileia (AC), em 2013.

ATIVIDADES

1 Em sua opinião, como a destruição da floresta pode afetar a vida das comunidades tradicionais da região Norte do Brasil?

_____

_____

_____

2 Faça uma pesquisa em livros e na internet sobre quais produtos vêm sendo cultivados de forma sustentável na região Norte do Brasil. Faça suas anotações no caderno e depois apresente suas descobertas para os colegas.

ATIVIDADES DO CAPÍTULO

1. Leia abaixo o trecho de uma notícia.

   Profissionais mudam de cidade para trabalhar em usina

   Desde que trocou os corredores dos hospitais pelos canteiros de obras, a enfermeira Jucimari Sampaio, natural de Mato Grosso do Sul, viaja o país inteiro em busca de novas oportunidades de trabalho. Foi assim que em 2010 ela e a família chegaram a Porto Velho para trabalhar no canteiro de obras da Usina Hidrelétrica Santo Antônio. [...]

   G1. Disponível em: <http://g1.globo.com/ro/rondonia/noticia/2012/11/profissionais-largam-tudo-e-mudam-de-cidade-para-trabalhar-em-usina.html>. Acesso em: 1º maio 2016.

   - Qual é a relação do texto acima com o que você estudou neste capítulo?

2. Observe a fotografia e depois responda às questões.

   Comunidade em Tefé (AM), em 2015.

   a) Por que as casas construídas na beira dos rios têm uma estrutura que as mantém distantes do chão?

   b) Em sua opinião, qual é a importância dos rios para as populações ribeirinhas?

3. Leia o texto, observe a imagem e depois responda às questões.

> Grande parte dos rios da região Norte corre sobre relevo plano. Mesmo assim, eles possuem grande potencial para a instalação de usinas hidrelétricas, por causa do volume de água. Se, por um lado, a instalação de usinas gera emprego e renda, além de energia elétrica, por outro exige o desalojamento de pessoas e compromete a biodiversidade da região, causando grande prejuízo ecológico, em função da necessidade da construção de represas para o armazenamento da água.

Represa formada com a construção da hidrelétrica de Santo Antônio, em Porto Velho (RO), em 2016.

a) De acordo com o texto, por que os rios da região Norte têm potencial para a instalação de usinas hidrelétricas?

b) Quais são os pontos positivos para a instalação de usinas hidrelétricas? E os negativos?

c) Você é a favor ou contra a instalação de usinas hidrelétricas? Converse com os colegas e o professor.

d) Faça uma pesquisa em livros e na internet sobre outros meios de produzir energia elétrica, que causem menores prejuízos ao meio ambiente. Faça suas anotações no caderno. Depois compartilhe com os colegas.

CAPÍTULO 6

A CULTURA POPULAR

LENDAS, MITOS, FESTAS E DANÇAS

A cultura de um povo é formada por suas tradições, lendas, mitos, festas e danças, além de muitas outras manifestações. Em geral, são conhecimentos transmitidos oralmente, de geração em geração.

O fato de o Brasil ser um país de grande extensão territorial e formado por pessoas de diferentes origens e heranças culturais contribui para que a cultura popular brasileira seja muito rica e diversificada. O que você conhece da cultura popular brasileira?

Entre as festas populares da região Norte, uma das mais tradicionais é a do Boi-Bumbá, trazida para a região pelos migrantes da região Nordeste. Atualmente ela se transformou em um grande evento, realizado na cidade de Parintins (AM), e se tornou um dos maiores atrativos culturais e turísticos da região Norte. Nessa festa é contada a história de Catirina, que está grávida e com desejo de comer a língua do boi mais bonito da fazenda do patrão de seu marido. O pai da criança, Francisco, mata o melhor boi e foge. Mas o boi é ressuscitado pelo padre e pelo pajé, e Francisco é perdoado pelo patrão. Tudo termina em festa.

pajé: pessoa de destaque em uma tribo indígena, por conhecer, entre outras coisas, os rituais e o poder de cura das plantas.

Festa do Boi-Bumbá em Parintins (AM), em 2013. Essa festa acontece no mês de junho. A parte mais esperada da festa é a apresentação dos bois, Garantido e Caprichoso, que disputam o título de mais bonito e animado da festa.

A região Norte tem muitas lendas e histórias misteriosas, em grande parte herdadas dos povos indígenas, mas influenciadas também pelas tradições africanas e europeias. Conheça uma delas no texto abaixo.

A lenda da vitória-régia

Conta a lenda que existia uma índia muito bonita chamada Naiá. Apaixonada pela lua, que era um belo e jovem guerreiro, ela recusava a todos que queriam namorar com ela. Todas as noites, Naiá corria pelas matas, procurando a lua no céu e seguindo seu amado. Um dia, à beira de uma lagoa, acreditou que a lua tinha descido e mergulhou nas águas à procura dela. Naiá não sabia nadar e morreu afogada. A lua, com pena dela, transformou-a em uma bela flor, que boia sobre as águas e que, todas as noites, abre suas pétalas para receber os raios da lua.

Texto elaborado com base no livro **O grande livro do folclore**, de Carlos Felipe e Maurizio Manzo. Belo Horizonte: Leitura, 2000. p. 24.

Vitória-régia

ATIVIDADES

1 Explique, com suas palavras, o que é cultura popular.

2 Quais são as origens da cultura popular da região Norte?

HÁBITOS ALIMENTARES

A culinária da região Norte tem origem principalmente nos hábitos alimentares indígenas, mas recebeu influências de outras regiões brasileiras (principalmente da Nordeste) e também de outros países.

Cada estado tem seus pratos típicos e alguns outros em comum, à base de peixes e outros frutos dos rios e do mar, além de usarem frutos da terra, como mandioca e banana, ervas e frutas típicas, como açaí, graviola e cupuaçu.

Um exemplo dessa herança multicultural na alimentação da região são a influência nordestina no Pará e mineira e paulista no Tocantins; outro exemplo é a influência da culinária sírio-libanesa no Amazonas, no Pará e no Acre.

Destacam-se ainda na região Norte o açaí, o guaraná, utilizado principalmente na produção de refrigerantes, e a castanha-do-pará, conhecida internacionalmente e utilizada também em cosméticos. Todos eles formam a base da alimentação dos ribeirinhos e são uma importante fonte de renda das pessoas da região.

Guaraná

Jaraqui

Graviola

Castanha-do-pará

Açaí

Ilustrações: Elsy Studio/Shutterstock

A origem de alguns alimentos utilizados na região é explicada por meio das lendas. Leia o texto abaixo.

A origem da mandioca

Há muito tempo, a filha de um cacique deu à luz uma menina de cor de pele branca, que não se parecia com ninguém da tribo. Ela recebeu o nome de Mani. Apesar de estranharem a diferença, todos gostavam muito dela. Mas, ainda pequena, a menina morreu de repente, sem nenhum sinal de doença. Todos ficaram tristes e ela foi enterrada dentro da maloca, como manda a tradição. Um dia, nasceu no local uma planta desconhecida e dias depois a terra rachou e as raízes brotaram do chão. Elas tinham por baixo da casca uma cor semelhante à da própria Mani. Os índios sentiram que aquilo era um milagre de Tupã, o grande deus, e se alimentaram com as raízes. Eles passaram a cultivar a planta, que recebeu o nome de "mani-oca", que significa "casa de Mani".

Texto elaborado com informações do livro **O grande folclore do Brasil**, de Carlos Felipe e Maurizio Manzo. Belo Horizonte: Leitura, 2000. p. 26.

ATIVIDADES

1 Em sua opinião, por que um dos alimentos típicos da culinária da região Norte é o peixe?

2 Você já experimentou alguns dos alimentos apresentados na página ao lado? Qual? Você sabe como ele foi preparado?

MANIFESTAÇÕES RELIGIOSAS

Do conjunto de elementos que fazem parte da cultura de um povo, as manifestações religiosas são importantes formas de expressão.

Da mesma forma que nossa diversidade étnica resulta da influência de diversos povos, herdamos rituais indígenas, europeus, africanos, entre outros. Na região Norte, além dos rituais ainda praticados pelos indígenas e pelos descendentes de africanos, as principais manifestações estão ligadas ao catolicismo.

Um exemplo de manifestação católica é o Círio de Nazaré, uma procissão que reúne milhares de fiéis, que saem às ruas para homenagear Maria de Nazaré, mãe de Jesus. Essa procissão acontece anualmente em Belém, capital do Pará, no segundo domingo do mês de outubro. Por sua grandiosidade, o Círio de Nazaré foi registrado pelo Instituto do Patrimônio Histórico e Artístico Nacional (Iphan) como **Patrimônio Cultural Imaterial da Humanidade**.

catolicismo: corrente religiosa do cristianismo (crença baseada nos ensinamentos de Jesus Cristo e na Bíblia).

Nossa Senhora de Nazaré

Procissão do Círio de Nazaré, em Belém (PA), em 2014.

O que é Patrimônio Cultural Imaterial?

Patrimônio Cultural é o conjunto de bens importantes para um povo, porque contam sua história e fazem parte de sua identidade. Um patrimônio cultural pode ser material, como prédios, esculturas, documentos e fotografias, ou pode ser imaterial, como costumes, lendas, religiões, festas, saberes e técnicas. O Patrimônio Cultural Imaterial é transmitido oralmente, de geração em geração, e é constantemente recriado e modificado ao longo do tempo.

A Marujada

A Marujada é uma manifestação cultural e religiosa de origem portuguesa. A origem da festa remete à comemoração dos grandes feitos da navegação e, no Brasil, ganhou traços africanos com a homenagem a São Benedito.

É uma celebração que envolve danças, encenações e cortejo do santo. A festa é organizada pelas mulheres, lideradas pela capitoa (a mulher mais velha do grupo) e a subcapitoa. Os homens, também chamados de marujos, são os tocadores dos instrumentos musicais da festa.

Na fotografia, a festa da Marujada de Bragança, a mais tradicional Marujada do estado do Pará. Fotografia de 2014.

ATIVIDADES

1. Faça uma pesquisa sobre o Círio de Nazaré. Procure investigar sua origem e as características da festa. Elabore um cartaz com as informações principais e com imagens para ilustrar. Lembre-se de colocar legendas nas imagens e indicar um título para o seu trabalho.

2. Você sabia que a Constituição Federal do Brasil garante que todas as pessoas sejam livres para exercer qualquer prática religiosa? Em sua opinião, isso é importante? Por quê? Converse com os colegas e o professor.

Constituição Federal do Brasil: conjunto de regras que garantem direitos e determinam os deveres de cada brasileiro.

ATIVIDADES DO CAPÍTULO

1. Faça uma pesquisa sobre uma lenda da região Norte ou da região onde se localiza o estado em que você mora. Elabore um texto recontando a lenda. Depois, em uma folha à parte, faça um desenho que a represente. Leia seu texto para os colegas e mostre o seu desenho.

   _____
   _____
   _____
   _____
   _____
   _____
   _____

2. Observe as imagens abaixo.

   Vasos em cerâmica produzidos em Belém (PA). Fotografia de 2015.

   Manaus (AM), em 2014.

- Em sua opinião, o artesanato é uma expressão da cultura de um povo? Por quê? Converse com os colegas e o professor.

3. Retome a história que é encenada na Festa do Boi-Bumbá de Parintins, na página 64. Como ela mostra a mistura de práticas religiosas do catolicismo e indígenas?

_____

_____

_____

4. Tacacá é um prato típico da culinária da região Norte do Brasil. Você conhece esse prato? Veja uma fotografia dele.

Tacacá

a) Faça uma pesquisa e descubra os principais ingredientes para o preparo do tacacá.

_____

_____

b) Qual ingrediente mostra a influência indígena nesse prato da culinária da região Norte?

_____

c) Na região em que você mora existe algum prato cujo ingrediente é a mandioca? Como ele é preparado?

_____

_____

ENTENDER O ESPAÇO GEOGRÁFICO

A POPULAÇÃO NO ESPAÇO E NO TEMPO

Como você faria para representar em um mapa os habitantes do Brasil? Uma das maneiras é por meio de pontos. Você acha que seria possível fazer um ponto para representar cada habitante? Seria difícil marcar mais de 200 milhões de pontos no mapa, você não acha?

Para representar a população brasileira por meio de pontos em um mapa do Brasil, cada ponto precisa representar mais do que um habitante. Observe o mapa abaixo.

Brasil: distribuição da população (2010)

LEGENDA
- · 10 000 habitantes
- ■ Capital do país
- ■ Capital de estado

Adaptado de: IBGE. **Atlas geográfico escolar**. 6. ed. Rio de Janeiro, 2012. p. 113.

1. Quantos habitantes cada ponto do mapa da página ao lado representa?

2. Por que em algumas áreas do mapa aparecem manchas vermelhas?

3. Onde estão localizadas as manchas vermelhas?

4. Em quais regiões do Brasil os pontos estão mais espalhados? O que isso representa?

5. Por que existe concentração de pessoas nas áreas perto das capitais de estado?

6. De acordo com o que você estudou até agora, o que justifica essa distribuição da população no território brasileiro?

7. Em sua opinião, esse tipo de mapa é eficiente para mostrar a distribuição da população? Justifique sua resposta.

LER E ENTENDER

Nesta seção, vamos trabalhar com um **fôlder**.

Fôlder é um impresso de uma única folha, com duas ou mais dobras, utilizado na divulgação de eventos, projetos, etc.

Você já recebeu algum fôlder? Se sim, sobre o que era?

Leia o fôlder a seguir para saber do que se trata. Observe como o texto está organizado.

Capa

Parte interna

Verso

Reprodução/Amarildo Oliveira/Tucupi Imagens

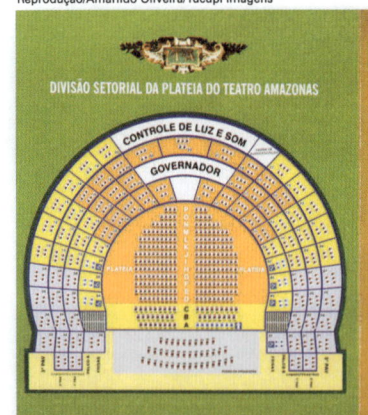

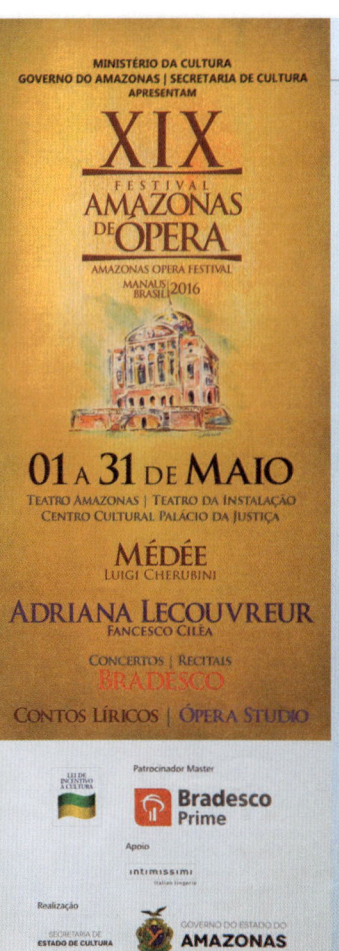

Verso   Capa/frente   Parte interna

ANALISE

1. O que está sendo divulgado no fôlder da página ao lado?

2. Onde e quando aconteceu o evento?

3. Quem realizou esse evento?

4. Em sua opinião, por que existe no verso do fôlder uma planta com a divisão da plateia do Teatro Amazonas? E por que ela está dividida por cores?

5. Que outras informações do evento você pode obter no fôlder?

RELACIONE

6. Com qual objetivo esse fôlder foi produzido?

    ☐ Arrecadar dinheiro para os centros culturais.

    ☐ Anunciar o desconto em um produto.

    ☐ Divulgar um evento.

7. Em sua opinião, divulgar eventos e centros culturais é uma maneira de contribuir com a manutenção da cultura popular?

8. Agora é sua vez de fazer um fôlder! Escolha uma atração em seu município e faça um fôlder. Utilize uma folha à parte e lembre-se de que essa forma de comunicação tem um formato bem particular! Pense nisso ao elaborar o seu.

O QUE APRENDI?

Agora é hora de retomar as discussões realizadas nesta Unidade.

1. Releia na abertura da Unidade o título da pintura. O que ele significa?

   _____
   _____
   _____

2. Imagine que o lugar retratado na pintura é onde você mora. Escreva, em uma folha à parte, uma carta a um amigo de uma cidade distante, que não conhece sua casa, contando como é a sua vida. Lembre-se de comentar sobre o que é possível ver e também o que é possível sentir (cheiros, sons, etc.).

3. Observe a imagem. Depois faça o que se pede.

Antiga área de floresta, no estado do Pará, em 2013.

a) Complete a legenda da fotografia acima, explicando os motivos do desmatamento da floresta.

_____
_____

b) Em sua opinião, por que a floresta Amazônica precisa ser preservada?

_____
_____
_____
_____

4. Reveja os temas trabalhados na Unidade e elabore, em grupo, um cartaz com as principais características da região Norte do Brasil.

Lembre-se do que você estudou sobre as principais características naturais, econômicas e culturais dessa região. Utilize imagens para ilustrar as informações.

Os cartazes da turma podem ser expostos na escola.

UNIDADE 3

REGIÕES NORDESTE E CENTRO-OESTE

Colheita de uva em Petrolina (PE), em 2015.

Vaqueiro conduzindo o gado no Pantanal (MS), em 2013.

- Quais elementos naturais e culturais você observa nestas paisagens?
- O que você pode dizer sobre as atividades econômicas desses lugares?
- Apenas observando as paisagens retratadas você consegue identificar a que regiões do Brasil elas pertencem? Explique.

CAPÍTULO 7

REGIÃO NORDESTE

HISTÓRIA

A região do Brasil que hoje chamamos de Nordeste foi a primeira área a ser ocupada pelos colonizadores portugueses, com os engenhos de cana-de-açúcar, no século 16. Os engenhos eram propriedades dos senhores de engenho, ricos proprietários rurais que produziam açúcar para a exportação, utilizando trabalho escravo. Antes disso, os portugueses exploraram o pau-brasil, árvore abundante nas matas do litoral, de onde era extraído um corante vermelho muito apreciado na Europa.

Outra atividade que se desenvolveu na região durante os séculos 16 e 17 foi a pecuária. No início os animais foram criados perto dos engenhos de cana-de-açúcar, mas com o tempo a criação se expandiu para o interior, onde também foi importante o cultivo de outros produtos, com destaque para o algodão.

Durante esse tempo, vários povoados e vilas se formaram, principalmente no litoral. Essa localização ajudava na defesa do território contra ataques de povos europeus e no embarque dos produtos para Portugal. Uma das vilas mais importantes foi Olinda, fundada em 1535. Foi também nessa região que foi fundada a primeira cidade para ser a capital da colônia, em 1549. Ela foi chamada São Salvador, hoje, Salvador.

engenhos de cana-de-açúcar: grandes propriedades formadas por canavial, moradias (casa-grande e senzala) e instalações para produção do açúcar.

Vista de Olinda (PE), em 2016. Na fotografia é possível ver a Igreja do Carmo, que começou a ser construída no século 16.

Com o desenvolvimento de atividades mais lucrativas em outras áreas do território durante o século 18, a região Nordeste deixou de ser o principal polo econômico da colônia.

Atualmente a região é marcada por muitos contrastes em razão da diversidade de aspectos naturais, humanos e econômicos, em parte reflexo do processo de ocupação do território, que determinou muitas diferenças entre o litoral e o interior.

O interior é menos populoso e desenvolvido economicamente em relação ao litoral, onde se concentra boa parte da população e importantes centros urbanos e industriais.

Região Nordeste do Brasil

Veja no **Miniatlas** o mapa da região Nordeste com as principais cidades.

Entre as regiões brasileiras, a Nordeste é a que tem maior número de estados.

Adaptado de: IBGE. **Atlas geográfico escolar**. 6. ed. Rio de Janeiro, 2012. p. 90.

ATIVIDADES

1 Qual é a única capital de estado da região Nordeste que não está no litoral? Observe o mapa acima.

_____

2 Em sua opinião, qual a relação entre a localização da maioria das capitais do Nordeste e a história de ocupação dessa região?

_____

_____

_____

CARACTERÍSTICAS NATURAIS

Devido à diversidade de paisagens, a região Nordeste do Brasil pode ser dividida em sub-regiões. Observe o mapa e as fotografias.

Zona da Mata: área originalmente recoberta pela mata Atlântica (floresta tropical), com clima quente e úmido, onde as formas de relevo predominantes são planícies e falésias. É a porção mais povoada e industrializada.

Praia de Pajuçara em Maceió (AL), em 2015.

Região Nordeste: sub-regiões

Adaptado de: **O Brasil em regiões: Nordeste**, de José Arbex Júnior e Nelson Bacic Olic. São Paulo: Moderna, 1999. p. 32.

Agreste: área de transição entre a Zona da Mata (úmida) e o Sertão (seco), apresenta trechos de floresta tropical e de caatinga. Seu relevo é composto de planaltos com altitudes mais elevadas. Desde o período colonial, essa sub-região é aproveitada para a agricultura e para a pecuária, mas desenvolveram-se também importantes centros comerciais.

Sertão: área onde predomina o clima semiárido, o mais seco do Brasil, com curtos períodos de chuva (de dois a três meses por ano). A vegetação típica é a caatinga, formada por plantas adaptadas à falta de água, como os cactos. É a porção menos povoada da região.

Plantação de bananas em Santana do Mundaú (AL), em 2015.

Povoado Gargalheiras em Acari (RN), em 2014.

Mata dos cocais em Nazaria (PI), em 2015.

Meio-Norte: área de transição entre o clima seco do Sertão e o chuvoso da floresta Amazônica. Apresentava originalmente uma vegetação variada, com predomínio da mata dos cocais, mas que hoje se encontra bastante desmatada em função dos cultivos de soja e algodão e pela pecuária.

A hidrografia da região é composta de rios **temporários** (que secam no período de estiagem), localizados no Sertão, e rios **perenes** (que nunca secam). Entre os rios perenes, um dos mais importantes é o São Francisco, que percorre o Sertão da Bahia. Ele apresenta trechos navegáveis, utilizados para o transporte de mercadorias, e trechos de relevo ondulado, aproveitados para a construção de hidrelétricas.

ATIVIDADES

1 A Zona da Mata era originalmente recoberta pela mata Atlântica, que hoje se encontra, em grande parte, desmatada. Quais são as principais atividades que transformaram essa sub-região?

2 Qual é a vegetação predominante no Sertão? Qual é a influência do clima na ocorrência desse tipo de vegetação?

3 Em sua opinião, como a falta de chuva afeta as pessoas que vivem no Sertão? Converse com os colegas e o professor.

POPULAÇÃO E ATIVIDADES ECONÔMICAS

Como você estudou, depois da chegada do colonizador português, iniciou-se a extração do pau-brasil e o cultivo da cana-de-açúcar. Para a extração do pau-brasil foi utilizado o trabalho dos indígenas que habitavam essas terras, que recebiam em troca objetos como espelhos e pentes. Para a produção do açúcar foi utilizado principalmente o trabalho de africanos escravizados.

Por causa de sua origem, grande parte da população nordestina é mestiça, resultado da mistura entre brancos (europeus), negros (africanos) e indígenas, mas com uma presença marcante de negros.

Atualmente, a população da região encontra-se distribuída irregularmente pelo território, e as áreas de maior concentração de pessoas estão próximas do litoral.

Como você estudou, o Nordeste foi a região mais rica do país até o século 18, mas durante um longo período, que durou até o século 20, a economia da região passou por forte estagnação.

Desde 1970, a região vem passando por um novo período de crescimento econômico, incentivado por ações do governo, como: isenção de impostos para empresas que lá se instalarem, melhorias na infraestrutura (estradas e portos) e na geração de energia. Muitas indústrias se instalaram na região e o desenvolvimento de atividades ligadas ao turismo vem gerando trabalho e renda para a população.

> Veja no **Miniatlas** o mapa da distribuição da população do Brasil.

estagnação: falta de crescimento, de progresso.

Vista de praia em Fortaleza, capital do Ceará, em 2014.

84

O Sertão e a agricultura

O crescimento econômico da região Nordeste também está ligado ao desenvolvimento de atividades agrícolas. Em muitas áreas do Sertão, como nos municípios de Juazeiro (BA) e Petrolina (PE), desenvolve-se o mais importante polo de agricultura irrigada da região. Lá são cultivadas frutas, como uva, melão e manga, graças à utilização das águas do rio São Francisco. Por meio de bombas, a água do rio é captada e jogada em canais, que chegam até as áreas plantadas. A maior parte da produção é exportada para os países da Europa.

Alguns projetos do governo vêm ajudando pequenos produtores, que não possuem um rio perene em suas terras, a enfrentar os longos períodos sem chuva, com a instalação de **cisternas**. A água armazenada é utilizada para beber, cozinhar, regar a plantação e matar a sede dos animais de criação. Observe a imagem ao lado.

As cisternas, como a mostrada na imagem, armazenam a água da chuva que cai dos telhados das casas. Fotografia de Campo Redondo (RN), em 2014.

ATIVIDADES

1 A Bahia é o estado com a maior população de negros do Brasil. Em sua opinião, o que pode explicar isso?

2 De acordo com o que você estudou, é possível desenvolver agricultura onde há escassez de chuva? Como? Converse com os colegas e o professor.

85

LEITURA DE IMAGEM

ENERGIA ALTERNATIVA

Você sabe de onde vem a energia elétrica que você utiliza no seu dia a dia?

No Brasil, a maior parte da eletricidade é gerada por meio de usinas hidrelétricas. Mas elas causam muitos prejuízos à natureza, como você já estudou. Será que existem outras formas de gerar energia que causem menos prejuízos à natureza?

Conheça os aerogeradores. Como será que eles produzem energia?

OBSERVE

Aerogeradores em São Miguel do Gostoso (RN), em 2015.

1. O que você observa na imagem?

ANALISE

2. Os equipamentos mostrados na imagem se parecem com um brinquedo bastante conhecido. Qual é ele? Por que eles se parecem?

   ☐ pião   ☐ cata-vento   ☐ bola

   _____
   _____

🔊 3. Em sua opinião, por que os aerogeradores estão instalados no litoral? Converse com o professor e os colegas.

4. Você acha que esse tipo de geração de energia é adequado para a região Nordeste? Justifique.

   _____
   _____
   _____

5. Qual é o nome dado para a energia que é gerada pelo vento?

   ☐ energia solar   ☐ energia térmica   ☐ energia eólica

RELACIONE

6. Em sua opinião, quais são as vantagens e as desvantagens de se utilizar energia eólica? Faça uma pesquisa e anote as informações no caderno. Depois converse com os colegas e o professor.

7. Você conhece outros recursos naturais que podem ser utilizados para gerar energia elétrica? Faça uma pesquisa e anote as informações no caderno.

🔊 8. Em sua opinião, qual é a importância da energia elétrica para o desenvolvimento das atividades econômicas? Estimular a utilização da energia eólica seria importante para o desenvolvimento da economia na região Nordeste?

PROBLEMAS SOCIAIS E AMBIENTAIS

O baixo crescimento econômico da região Nordeste no final do século 19 e em grande parte do século 20, agravado pelas secas, provocou, entre outras coisas, a falta de emprego em muitos municípios nordestinos. Por isso, muitas pessoas migraram para outras regiões do país à procura de trabalho.

Além da migração entre regiões, houve grande fluxo de pessoas das áreas rurais para as urbanas entre os municípios da própria região Nordeste, principalmente nos períodos prolongados de seca no Sertão.

Apesar da melhoria econômica da região, a desigualdade social continua grande atualmente, gerada pela concentração de renda e de terras, em parte herança do período colonial. A falta de políticas do governo que estimulassem o desenvolvimento de atividades para gerar trabalho e renda também contribuiu para a manutenção da desigualdade social no Nordeste.

Parte da população nordestina ainda vive em condições de extrema pobreza e sem acesso a serviços essenciais, como saúde e educação. Observe nos gráficos abaixo as taxas de analfabetismo e de mortalidade infantil por região do país.

Parte da população da região Nordeste vive em áreas com pouca infraestrutura, como a mostrada na imagem abaixo. Fotografia de moradias em palafitas sobre o rio Capibaribe, no Recife (PE), em 2016.

Diego Herculano/Folhapress

Brasil: analfabetismo, por região (2010)

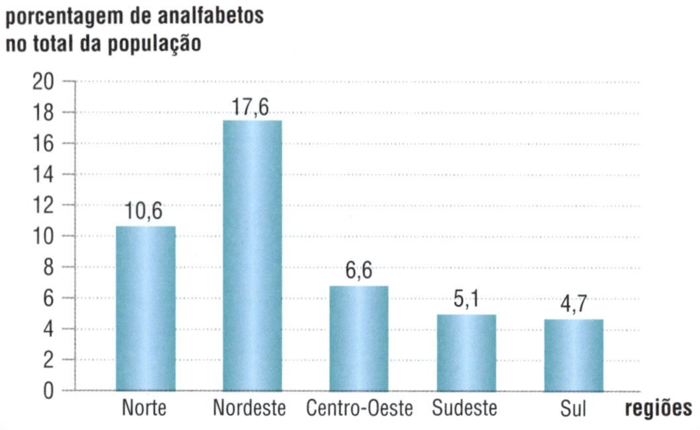

porcentagem de analfabetos no total da população

Região	%
Norte	10,6
Nordeste	17,6
Centro-Oeste	6,6
Sudeste	5,1
Sul	4,7

Adaptado de: **IBGE 7 a 12**. Disponível em: <http://7a12.ibge.gov.br/vamos-conhecer-o-brasil/nosso-povo/educacao.html>. Acesso em: 8 maio 2016.

Brasil: mortalidade infantil, por região (2010)

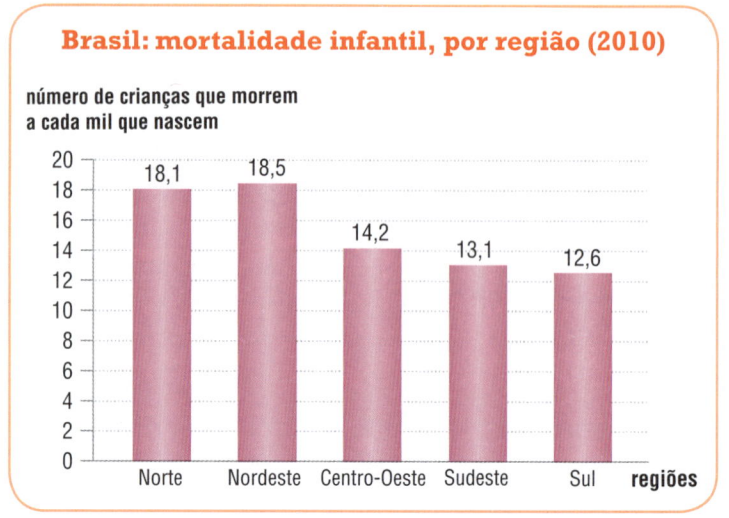

número de crianças que morrem a cada mil que nascem

Região	
Norte	18,1
Nordeste	18,5
Centro-Oeste	14,2
Sudeste	13,1
Sul	12,6

Adaptado de: IBGE. **Censo Demográfico 2010**. Disponível em: <www.ibge.gov.br/>. Acesso em: 6 jun. 2016.

O mau uso dos solos por algumas atividades, como a pecuária e a agricultura, em áreas da região Nordeste onde predomina o clima semiárido, tem provocado o empobrecimento do solo, processo chamado desertificação. Algumas práticas feitas de forma inadequada, como as queimadas, retiram toda a camada de nutrientes do solo, deixando-o sem condições de cultivo e, consequentemente, de garantir o sustento das famílias. Observe um exemplo na fotografia abaixo.

desertificação: processo de degradação e empobrecimento do solo nas regiões semiáridas, resultado de atividades humanas, que corresponde à transformação de uma área em deserto.

Na fotografia é possível observar área em processo de desertificação em Gilbués (PI), em 2013.

Alguns problemas ambientais como a poluição do ar e dos rios afetam as grandes cidades do Nordeste, assim como outras do país.

ATIVIDADES

1 Observando os gráficos da página ao lado, qual região apresenta as maiores taxas de mortalidade infantil e de analfabetismo? O que os dados revelam sobre a qualidade de vida das pessoas dessa região?

2 A melhora na economia do Nordeste acabou com a pobreza na região? Converse com os colegas e o professor.

3 Faça uma pesquisa em livros, revistas e na internet sobre os problemas ambientais do rio São Francisco. Procure descobrir o que vem causando poluição e redução no nível de suas águas. Faça suas anotações no caderno e compartilhe suas descobertas com os colegas e o professor.

ATIVIDADES DO CAPÍTULO

1. Leia o texto e depois responda às questões.

   > Foi a primeira área do Brasil a ser efetivamente ocupada pelo colonizador português, com plantações de cana-de-açúcar.

   a) Qual é a sub-região do Nordeste descrita no texto?

   _____

   b) Qual é a vegetação que ocupava essa sub-região?

   _____

2. Observe a imagem abaixo.

   Na fotografia é possível observar água empoçada de chuva, usada para consumo, em Boa Vista (PB), em 2015.

   a) O que você observa na fotografia? Qual elemento da imagem mais chama a sua atenção?

   _____
   _____

   b) Relacione alguns problemas sociais que podem ser identificados na imagem.

   _____
   _____

3. Observe o mapa ao lado e depois responda às questões.

   a) De onde partiu e para onde foi o maior fluxo de migrantes no Brasil entre 1950 e 1970?

   _____
   _____
   _____

   b) Em sua opinião, o que as pessoas que migraram buscavam na região de destino?

Brasil: migrações entre 1950 e 1970

Adaptado de: **Geoatlas**, de Maria Elena Simielli. 34. ed. São Paulo: Ática, 2014. p. 135.

4. Observe a imagem.

Refinaria de petróleo Abreu e Lima, em Ipojuca (PE), em 2015.

   a) De que maneira a instalação de indústrias, como a retratada na fotografia acima, pode trazer desenvolvimento para uma região?

   b) Os maiores centros industriais da região Nordeste estão localizados em Salvador, Recife, Fortaleza e em municípios próximos a eles. Sabendo disso, é correto afirmar que a sub-região de maior desenvolvimento econômico do Nordeste é a Zona da Mata? Explique.

91

5. Observe as fotografias que retratam o rio São Francisco.

①

Usina hidrelétrica de Xingó, em Piranhas (AL), em 2016.

②

Embarcação no rio São Francisco, em Juazeiro (BA), em 2015.

a) O rio São Francisco é um rio perene ou temporário?

_____

b) Como esse rio está sendo utilizado em cada situação retratada nas fotografias?

_____

_____

c) Em sua opinião, de que outras maneiras um rio pode ser utilizado?

6. Leia abaixo o trecho de uma notícia e depois responda às perguntas.

Produção de frutas no Sertão não deve ser afetada pela estiagem

Produtores esperam exportar 80 mil toneladas de manga e uva. Os principais compradores da fruta são os Estados Unidos e a Europa.

Mesmo com a seca prolongada no interior de Pernambuco, as exportações de frutas do Vale do São Francisco, no Sertão, não devem ser afetadas. A região é uma das maiores produtoras de frutas do país e detém, por exemplo, 98% das exportações de uva, produzida em uma área de 10 mil hectares, e 85% de manga do Brasil, criada em 35 mil hectares. O pico da safra é justamente no segundo semestre do ano, quando 80 mil toneladas das duas frutas devem seguir para outros países. [...]

Plantação de uva em Petrolina (PE), em 2015.

G1. Disponível em: <http://g1.globo.com/pernambuco/noticia/2013/09/producao-de-frutas-no-sertao-nao-deve-ser-afetada-pela-estiagem.html>. Acesso em: 17 maio 2016.

a) Qual é o assunto da notícia?

b) Segundo a notícia, a produção de frutas é destinada para exportação ou para o mercado brasileiro?

c) De acordo com o que você aprendeu, como é possível plantar no Sertão, região sujeita a secas prolongadas?

CAPÍTULO 8

REGIÃO CENTRO-OESTE

HISTÓRIA

Somente no início do século 18 a região hoje reconhecida como Centro-Oeste despertou algum interesse nos colonizadores, depois que bandeirantes descobriram jazidas de ouro e pedras preciosas em áreas dos atuais estados de Mato Grosso e Goiás. O ouro atraiu muitas pessoas para a região, o que estimulou o surgimento de vilas, que depois se transformaram em cidades. Mas em pouco tempo os minérios acabaram e muitas pessoas abandonaram a região.

Na época da colonização havia poucas e precárias estradas, e a maneira mais fácil de chegar ao interior do território era pelos rios. Essa condição dificultava o povoamento da região e o desenvolvimento de atividades econômicas.

Com isso, após o período de grande exploração de ouro, os colonizadores optaram por praticar a pecuária extensiva (criar gado solto), já que a região apresentava boas condições para isso: disponibilidade de água e relevo plano. Além disso, essa atividade não exigia muitos trabalhadores. Mesmo com o desenvolvimento da pecuária, a ocupação da região continuava baixa.

Foi somente na segunda metade do século 20 que o Centro-Oeste apresentou um maior crescimento populacional e econômico. Você sabe por quê? Veja a fotografia abaixo.

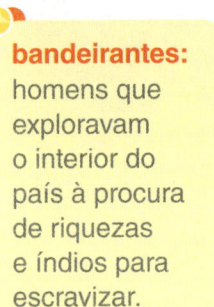

bandeirantes: homens que exploravam o interior do país à procura de riquezas e índios para escravizar.

Vista de Brasília (DF), em 2014.

Na década de 1950 o governo federal promoveu uma expansão para o interior do território brasileiro, com a abertura de rodovias e a construção de Brasília, para ser a capital do país. Houve então um grande fluxo de pessoas para os estados da região, o que provocou um aumento da população.

Atualmente, com cerca de 14 milhões de habitantes, o Centro-Oeste ainda não é muito populoso. Mas, de acordo com o último Censo, é uma das regiões que mais têm crescido em termos econômicos e populacionais. A região é atualmente importante área de expansão da agricultura e da pecuária no país.

Veja no **Miniatlas** o mapa da região Centro-Oeste com as principais cidades.

A região Centro-Oeste é a segunda maior região do país em extensão, mas tem apenas três estados (e o Distrito Federal).

Região Centro-Oeste do Brasil

Adaptado de: IBGE. **Atlas geográfico escolar**. 6. ed. Rio de Janeiro, 2012. p. 90.

ATIVIDADES

1 O que provocou o crescimento populacional da região Centro-Oeste na segunda metade do século 20?

2 Observe a imagem ao lado. Depois responda às questões.

Construção do século 18 em Pirenópolis (GO), cidade fundada em 1727. Fotografia de 2015.

a) Quando Pirenópolis foi fundada, qual era a principal atividade econômica de Goiás?

_____

b) Em sua opinião, qual a relação entre a fundação da cidade de Pirenópolis e a mineração de ouro?

95

CARACTERÍSTICAS NATURAIS

O relevo da região Centro-Oeste não apresenta elevadas altitudes, destacando-se as chapadas, tipo de planalto cujo topo é plano, lembrando a forma de uma mesa; e a planície do Pantanal, extensa área de relevo plano, com muitos rios. Nas áreas de maior altitude estão as nascentes de afluentes de importantes rios brasileiros, como o Xingu e o Araguaia.

O clima predominante na região é o tropical, que apresenta temperaturas relativamente altas o ano inteiro, com duas estações bem definidas: inverno seco e verão chuvoso.

A vegetação original que predominava na maior parte da região Centro-Oeste era o cerrado, composta de arbustos e árvores baixas, com casca grossa, caule e galhos retorcidos e raízes profundas. Mas atualmente encontra-se bastante desmatada por causa do avanço de atividades como a criação de gado e as plantações de soja.

No norte de Mato Grosso predomina o clima equatorial, onde se encontram trechos de floresta Amazônica. Essa área também está bastante alterada, devido ao desmatamento.

No extremo sul de Mato Grosso do Sul, onde passa o trópico de Capricórnio, as temperaturas diminuem no inverno, podendo ocorrer geadas. Sua vegetação nativa era a floresta tropical e os campos, que também foram devastados para dar lugar aos cultivos de café, soja, cana-de-açúcar e outros produtos agrícolas.

Paisagem da Chapada dos Guimarães (MT), em 2014.

Rita Barreto/Acervo da fotógrafa

O Pantanal

O Pantanal se estende por terras de Mato Grosso e Mato Grosso do Sul, e também da Bolívia e do Paraguai. Suas formações vegetais englobam cerrado, floresta tropical, campos (gramíneas) e diversas espécies aquáticas. Assim como a flora, a fauna pantaneira é abundante e bastante diversificada.

O Pantanal é marcado por duas estações: uma chuvosa, que caracteriza o período das cheias, e uma seca, no inverno, que determina o período de estiagem. Anualmente, durante as cheias dos rios, a maior parte da extensa planície é inundada.

As principais atividades econômicas do Pantanal giram em torno da criação de gado e da pesca. Atualmente, também vem crescendo no local o turismo ecológico.

O jacaré e o pássaro tuiuiú são animais da fauna do Pantanal.

flora: conjunto de espécies vegetais de determinado lugar.

fauna: conjunto de espécies animais de determinado lugar.

turismo ecológico: ecoturismo; atividades turísticas preocupadas com a conservação da natureza e a educação ambiental.

ATIVIDADES

- Leia o texto e depois responda às perguntas.

> [...] Estudos recentes indicam que apenas cerca de 20% do Cerrado ainda possui a vegetação nativa (original) em estado relativamente intacto.
>
> WWF. Disponível em: <www.wwf.org.br/natureza_brasileira/questoes_ambientais/biomas/bioma_cerrado/>. Acesso em: 8 maio 2016.

a) Quais são as atividades humanas que vêm provocando alterações no Cerrado?

___

b) De acordo com o texto, qual a porcentagem aproximada da vegetação do Cerrado que não está intacta, ou seja, que já foi alterada?

☐ 20%   ☐ 80%   ☐ 100%

POPULAÇÃO E ATIVIDADES ECONÔMICAS

No final da década de 1950, muitas pessoas de todas as regiões do Brasil foram para o Centro-Oeste em busca de trabalho na construção de Brasília e posteriormente com a instalação da capital. Outras migraram para lá atraídas pela oferta de terras com preços baixos.

Nesse período, o governo promoveu a construção de várias rodovias, ligando o litoral ao interior do território, o que também incentivou o fluxo de pessoas para a região. As cidades já existentes cresceram e outras foram criadas. Por isso, grande parte da população do Centro-Oeste é formada por migrantes de outras regiões do país.

Atualmente, a região Centro-Oeste tem a segunda maior taxa de população urbana do país (a primeira é do Sudeste). Isso quer dizer que a grande maioria das pessoas vive nas cidades (90%) e apenas 10% da população da região vive no campo. Mas o que será que explica isso? Um dos motivos é que toda a população do Distrito Federal é urbana, vivendo em Brasília e cidades vizinhas. O outro motivo está relacionado às principais atividades econômicas da região.

As principais atividades econômicas do Centro-Oeste estão relacionadas à agropecuária. A produção agrícola é formada, em geral, por monoculturas de grãos, como soja, arroz e milho, além de algodão e cana-de-açúcar. Elas são realizadas em grandes propriedades rurais, altamente mecanizadas desde o preparo do solo até o cultivo e a colheita, utilizando pouca mão de obra. Para atingir a máxima produtividade nas lavouras são utilizados adubos químicos e agrotóxicos.

monoculturas: cultivos de apenas um produto.

Colheita de soja no Mato Grosso, em 2016.

Em relação às indústrias, predominam as **agroindústrias**, empresas ligadas à produção agropecuária, como as processadoras de carne ou produtoras de açúcar e de álcool a partir da cana-de-açúcar. Nas maiores cidades da região, como Anápolis e Catalão (GO) e Dourados e Três Lagos (MS), o setor industrial tem crescido bastante, com a instalação de indústrias de alimentos, automóveis, celulose, entre outras.

As atividades ligadas ao turismo vêm crescendo no Centro-Oeste, principalmente por causa da grande diversidade natural da região. Destacam-se o Pantanal e a Chapada dos Guimarães, em Mato Grosso, e o Parque das Emas e a Chapada dos Veadeiros, em Goiás.

ATIVIDADES

- As imagens abaixo retratam as principais atividades econômicas desenvolvidas no Centro-Oeste. Identifique cada uma, utilizando as palavras do quadro.

Pecuária   Agricultura de grãos   Turismo

Chapadão do Sul (MS), em 2014.

Mundo Novo (GO), em 2013.

Poconé (MT), em 2014.

PROBLEMAS SOCIAIS E AMBIENTAIS

Assim como na região Nordeste, os maiores problemas sociais do Centro-Oeste são causados pela desigualdade de renda, agravada pelo processo de modernização das atividades no campo. Se por um lado a modernização das técnicas utilizadas na agropecuária contribuiu para o crescimento econômico, por outro ajudou a aumentar as desigualdades sociais. Isso porque apenas os grandes proprietários de terras têm condições de investir nas novas tecnologias (compra de tratores, agrotóxicos, sementes melhoradas, etc.).

O rápido desenvolvimento da região e o aumento da população estimularam o crescimento da área urbana de muitos municípios e a formação de muitos outros; porém, vários deles sem infraestrutura básica de saneamento, por exemplo, contribuindo para que os esgotos domésticos e industriais sejam lançados diretamente nos rios.

Entre os principais problemas ambientais do Centro-Oeste, destacam-se aqueles relacionados à expansão das atividades agrícolas e à pecuária, como o desmatamento, as queimadas e a poluição dos solos e das águas por agrotóxicos. O Pantanal tem sofrido com as atividades de mineração praticadas nas nascentes dos rios, com a caça, a pesca e o turismo predatórios.

Na fotografia é possível observar queimada em área de vegetação de cerrado em Brasília (DF), em 2014.

Os problemas ambientais destacados na página anterior têm atingido diretamente o modo de vida das populações mais antigas da região: os indígenas. Leia o texto a seguir.

Os povos mais antigos do Cerrado

[...] As populações mais antigas do Cerrado são os povos indígenas. São Xavantes, Tapuias, Karajás, Avá-Canoeiros, Krahôs, Xerentes, Xacriabás e muitos outros que foram dizimados antes mesmo de serem conhecidos. A grande maioria destes povos, assim como todos os povos indígenas brasileiros, foram forçados a fazer migrações constantes, devido ao avanço do colonialismo. Muitos eram nômades, e exploravam o Cerrado através da caça e da coleta; alguns já praticavam a agricultura de coivara, uma agricultura itinerante, de corte e queima e posterior pousio. [...] Atualmente, a maioria destes povos está confinada em Terras Indígenas e tem de adaptar seus modos de vida à disponibilidade de recursos [...].

PEQUI. Disponível em: <www.pequi.org.br/povos.html>. Acesso em: 8 maio 2016.

colonialismo: forma de impor uma cultura sobre outra.

pousio: repouso, descanso (do solo).

Atualmente a maioria dos povos indígenas vive em Terras Indígenas, áreas demarcadas pelo governo federal para usufruto dessas populações. No norte de Mato Grosso está a maior reserva indígena do país: o Parque Indígena do Xingu, onde vivem indígenas de 16 etnias diferentes.

Aldeia kamayurá, no Parque Indígena do Xingu (MT), em 2014.

ATIVIDADES

1 Faça, em grupo, uma pesquisa sobre o Parque Indígena do Xingu. Descubram sua localização, história, características de seus habitantes e problemas enfrentados atualmente. Com as informações levantadas, elaborem um cartaz utilizando imagens (fotografias, mapas e ilustrações).

2 Observe novamente a fotografia da página ao lado e escreva um pequeno texto, em seu caderno, sobre os problemas ambientais identificados. Depois, converse com os colegas e o professor sobre possíveis soluções para amenizar esses problemas.

ATIVIDADES DO CAPÍTULO

1. Observe a imagem.

   Parque Nacional das Emas (GO), em 2015.

   a) De acordo com o que você estudou neste capítulo, como é chamado o tipo de vegetação retratado na imagem acima? _____

   b) Quais são as principais características dessa vegetação?
   _____
   _____

2. Leia os dados da tabela abaixo e depois faça o que se pede.

   Região Centro-Oeste: crescimento da população

	1900	1950	2000	2015
População	373 309	1 532 924	11 616 745	15 442 232

   Sinopse do Censo Demográfico 2010. Disponível em: <http://biblioteca.ibge.gov.br/visualizacao/livros/liv49230.pdf>; IBGE Estados. Disponível em: <www.ibge.gov.br/estadosat/index.php>. Acesso em: 9 maio 2016.

   a) Elabore em seu caderno um gráfico de colunas com os dados da tabela.

   b) De acordo com os dados, qual o período de maior crescimento da população da região Centro-Oeste?

   ☐ De 1900 a 1950.   ☐ De 1950 a 2000.   ☐ De 2000 a 2015.

   c) Quais os fatores que contribuíram para o crescimento da população nessa região?

3. Atualmente, algumas espécies da flora e da fauna do Cerrado estão ameaçadas de extinção. Entenda um pouco sobre o conceito de extinção lendo o texto abaixo.

> O processo de extinção está relacionado ao desaparecimento de espécies em um determinado ambiente ou ecossistema. Semelhante ao surgimento de novas espécies, a extinção é um evento natural [...].
>
> Normalmente, porém, o surgimento e a extinção de espécies são eventos extremamente lentos, demorando milhares ou mesmo milhões de anos para ocorrer. Um exemplo disso foi a extinção dos dinossauros, ocorrida naturalmente há milhões de anos, muito antes do surgimento da espécie humana, ao que tudo indica devido a alterações climáticas decorrentes da queda de um grande meteorito.
>
> Ao longo do tempo, porém, o ser humano vem acelerando muito a taxa de extinção de espécies, a ponto de ter-se tornado, atualmente, o principal agente do processo de extinção. [...]
>
> Ministério do Meio Ambiente. Disponível em: <www.mma.gov.br/biodiversidade/especies-ameacadas-de-extincao>. Acesso em: 7 maio 2016.

Espécies de animais do Cerrado ameaçadas de extinção, segundo o Ministério do Meio Ambiente do Brasil

Lobo-guará (Adriano Gambarini/Acervo do fotógrafo)

Tamanduá-bandeira (Zig Koch/Pulsar Imagens)

a) De acordo com o que você leu no texto, o que significa dizer que uma espécie está ameaçada de extinção?

b) Segundo o texto, o ser humano é o principal agente do processo de extinção de espécies de animais. O que isso quer dizer?

c) Com base no que você estudou neste capítulo, quais são as atividades do ser humano na região Centro-Oeste que podem provocar a extinção de algumas espécies animais?

CAPÍTULO 9

ASPECTOS CULTURAIS

TRADIÇÕES E COSTUMES DA REGIÃO NORDESTE

A região Nordeste possui um rico conjunto de tradições e costumes, influenciado pela mistura de culturas dos diferentes povos que formaram a população da região. Muitos desses costumes são vistos atualmente em quase todo o Brasil por causa da grande migração de nordestinos pelo território brasileiro.

Dos hábitos alimentares, herdados dos povos indígenas, destaca-se o uso da mandioca e do milho em vários pratos, como a tapioca e a canjica. O acarajé e o vatapá, bastante conhecidos na Bahia, são exemplos da herança do povo africano. A carne de sol é outro prato típico do Sertão, terra dos vaqueiros.

O artesanato da região é bastante variado. Destacam-se as cerâmicas feitas com o barro da beira dos rios, os cestos de palha de fibras obtidas das árvores, como o babaçu, e as rendas de variadas técnicas, muitas delas de origem portuguesa. Atualmente, são importante fonte de renda para a população.

vaqueiros: homens que cuidam de um rebanho de gado.

Prato com carne de sol e mandioca. A carne de sol é feita com uma técnica de salgar e secar a carne, para conservá-la fora da geladeira.

Cerâmica tradicional em Pernambuco, feita por Ednaldo Vitalino, neto e seguidor de **Mestre Vitalino**, importante ceramista da região, que inovou essa arte, retratando o cotidiano do Nordeste em suas obras.

Mestre Vitalino nasceu em 1909 e morreu em 1963, em Caruaru (PE). Ele criava, desde criança, bonecos de barro, que eram os seus brinquedos.

Ilustrações: Estúdio Maya/Arquivo da editora

A variedade de ritmos e danças é grande na região, e as festas populares são cheias de significado. Você conhece algum ritmo, dança ou festa típica da região Nordeste?

O Carnaval é uma festa que acontece no Brasil todo, e no Nordeste é apresentado com ritmos e danças variados. Trazido para o Brasil pelos portugueses no final do século 18, o Carnaval é uma antiga festa de tradição católica que surgiu na Europa e adquiriu características novas e regionais. A brincadeira com água nos dias de folia é uma herança de Portugal. Veja dois exemplos nas imagens.

frevo

Fotografia de crianças dançando frevo em Recife (PE), em 2014. O frevo é um ritmo musical e uma dança característicos do Carnaval de Pernambuco. Ele é original do Brasil.

trio elétrico

O trio elétrico surgiu em Salvador (BA), em 1950, com Dodô e Osmar, que saíram cantando pelas ruas da cidade em um carro colorido, com auto-falantes. Atualmente, os trios elétricos são montados sobre caminhões e atraem milhares de pessoas, como é possível observar na fotografia do Carnaval de 2014, em Salvador.

ATIVIDADES

1. No município em que você mora existe um ritmo musical, uma dança ou uma festa que é bastante celebrada pela comunidade? Qual? Você costuma participar? Converse com os colegas e o professor.

2. Faça uma pesquisa sobre outros ritmos musicais e danças típicos da região Nordeste, como o forró, o xaxado e o maracatu. Procure descobrir a origem e as características atuais dessas manifestações da cultura do Nordeste. Faça suas anotações no caderno e depois compartilhe com os colegas.

Ilustrações: Estúdio Maya/Arquivo da editora

TRADIÇÕES E COSTUMES DA REGIÃO CENTRO-OESTE

A cultura da região Centro-Oeste também é bastante diversificada. Como recebeu muitos migrantes do país inteiro e também imigrantes da Bolívia e do Paraguai (lembre-se de que Mato Grosso e Mato Grosso do Sul têm limites com esses países), os costumes e as tradições foram influenciados por esses povos, além da forte influência dos povos indígenas.

Na música da região Centro-Oeste destaca-se a guarânia, gênero musical de origem paraguaia, que influenciou as modas de viola no Brasil todo. As danças mais tradicionais do Centro-Oeste são o cururu e o siriri, característicos do Pantanal, e a catira, típica de Goiás.

Você conhece a viola de cocho?

A viola de cocho é um instrumento tradicional da região Centro-Oeste, produzido por mestres artesãos, violeiros e cururueiros. É tocada nas rodas de cururu e siriri, em homenagem aos santos católicos ou por divertimento. A produção da viola de cocho é uma atividade que guarda conhecimentos específicos dominados por esses artesãos. Ela tem esse nome porque é feita da mesma maneira que se faz um cocho, objeto esculpido em tronco de árvore para colocar alimento para os animais na zona rural. Em 2005, o Ministério da Cultura registrou o modo de fazer a viola de cocho como Patrimônio Imaterial do Brasil.

Viola de cocho.

Na fotografia é possível observar cururueiros no Festival de Cururu e Siriri, em Cuiabá (MT), em 2013. O cururu é uma dança de origem indígena e segundo a tradição deve ser praticada apenas por homens.

Na culinária, é comum o uso de peixes de água doce e outros animais da região, como a capivara e o jacaré, além dos animais tradicionais da pecuária. Diversos frutos típicos da região são utilizados na culinária. Um deles é o pequi, fruto do tamanho de uma maçã, que pode ser consumido doce (geleia, compota ou sorvete) ou salgado.

Destaca-se também na região o artesanato em cerâmica dos povos indígenas das etnias kadiwéu e terena, de Mato Grosso do Sul. Os indígenas produziam objetos de barro para utilizar como panelas e cuias para guardar água. Atualmente, muitos desses objetos não são mais utilizados no dia a dia das aldeias, mas são valorizados em exposições e lojas de artesanato.

Pequi.

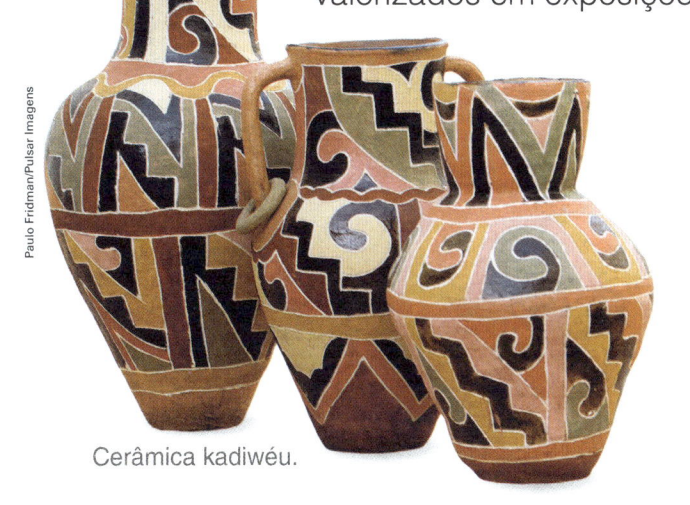

Cerâmica kadiwéu.

Arroz com pequi.

ATIVIDADES

1 O tererê é uma bebida feita de erva-mate e água gelada, muito consumida pelos moradores de Mato Grosso do Sul, hábito antigo adquirido com os indígenas habitantes de terras paraguaias. Em sua opinião, o que justifica essa influência?

_____

_____

2 Qual a influência dos recursos naturais da região Centro-Oeste na culinária regional?

_____

_____

Homem bebendo tererê em uma guampa, recipiente feito de chifre de boi.

MANIFESTAÇÕES RELIGIOSAS DAS REGIÕES NORDESTE E CENTRO-OESTE

REGIÃO NORDESTE

Muitas manifestações religiosas da região Nordeste estão relacionadas ao catolicismo. Algumas figuras, como Padre Cícero e Frei Damião, são cultuadas como santos, embora não sejam reconhecidas pela Igreja católica.

Anualmente, são realizadas festas na região para comemorar datas religiosas. As mais famosas são as festas juninas, celebrações realizadas no mês de junho em homenagem a três santos populares: Santo Antônio (dia 13), São João (dia 24) e São Pedro (dias 29).

Além de manifestações católicas, destacam-se também no Nordeste as conhecidas como afro-brasileiras, nas quais se misturam divindades africanas e santos católicos. Entre essas religiões estão a umbanda e o candomblé.

Fotografia da lavagem da escada da Igreja de Nosso Senhor do Bonfim, em Salvador (BA). Nesse ritual, católicos e adeptos do candomblé homenageiam divindades de cada crença: Jesus Cristo e Oxalá. Fotografia de 2014.

Tradicional festa junina em Campina Grande (PB), em 2015. Hoje algumas festas juninas do Nordeste se transformaram em grandes eventos, que atraem muitos turistas para a região.

REGIÃO CENTRO-OESTE

No Centro-Oeste encontram-se também diversas formas de manifestação religiosa, com festas de irmandades (herança africana) e romarias católicas para celebrar o Divino Espírito Santo.

Essas tradicionais festas religiosas acontecem anualmente em Goiás. São elas: as Romarias do Divino Pai Eterno, a Congada de Catalão e as Cavalhadas de Pirenópolis. A cavalhada é considerada o folguedo mais famoso do Centro-Oeste e hoje é importante atração turística do estado. Elas são representações portuguesas das lutas entre os cristãos e os mouros (população árabe) na península Ibérica, região onde se localizam Portugal e Espanha.

folguedo: festa popular, com música, dança e representações teatrais.

Cavalhada em Pirenópolis (GO), em 2014.

ATIVIDADES

1 Faça uma pesquisa sobre a cavalhada em Pirenópolis e descubra por que alguns cavaleiros estão vestidos com trajes vermelhos e outros com azuis, como retratado na fotografia acima. Faça suas anotações no caderno e compartilhe suas descobertas com os colegas.

2 No município onde você mora ou na escola em que você estuda são comemorados os festejos juninos? Se sim, faça um cartaz com desenhos e fotos contando como é esse festejo. Relate sobre como a festa é organizada, se existe uma dança típica e quais são as brincadeiras e as comidas de que você mais gosta. Se não, faça uma pesquisa para descobrir como é essa festa e depois elabore uma apresentação com imagens e textos contando sobre suas descobertas.

ATIVIDADES DO CAPÍTULO

1. Leia a notícia.

   Nordeste é a região preferida dos viajantes brasileiros

   As paisagens naturais do litoral nordestino, formadas por praias de areia branca, falésias multicoloridas e recifes de coral, juntamente com a riqueza cultural, estão entre os principais fatores que motivam 49,4% dos brasileiros na escolha de destinos da região Nordeste para a próxima viagem. [...]

   Portal Brasil. Disponível em: <www.brasil.gov.br/turismo/2016/04/nordeste-e-a-regiao-preferida-dos-viajantes-brasileiros>. Acesso em: 9 maio 2016.

   a) A notícia destaca alguns fatores que motivam o turismo na região Nordeste. Quais são eles?

   b) De acordo com o que você estudou, a riqueza cultural de uma região pode se transformar em atrativo turístico e renda para a população? Explique.

   c) Em sua opinião, divulgar uma cultura pode ser uma forma de preservá-la? Converse com os colegas e o professor.

2. Observe as imagens.

   Roda de capoeira, pintura de Johann Moritz Rugendas, feita em 1835.

   Roda de capoeira em Salvador (BA), em 2015.

   a) Quais são as semelhanças e as diferenças entre as imagens?

   b) A capoeira é um exemplo da influência de que povos formadores da cultura popular brasileira? Justifique sua resposta.

3. Complete a cruzadinha com o nome de alguns frutos típicos da região Centro-Oeste.

buriti   araticum   mangaba   cagaita

4. Elabore, em grupo, cartazes que retratem as manifestações culturais das regiões Nordeste e Centro-Oeste do Brasil. Você pode incluir manifestações que não foram estudadas neste capítulo. Lembre-se de que um cartaz deve ter fotografias e desenhos, com legendas explicativas para cada um.

ENTENDER O ESPAÇO GEOGRÁFICO

A LINGUAGEM DA CARTOGRAFIA

Podemos representar fenômenos físicos (clima, relevo, rios, etc.) e culturais (distribuição da população, cidades, indústrias, etc.) em mapas. Para isso utilizamos uma linguagem específica, a linguagem cartográfica. Assim como utilizamos um alfabeto para ler e escrever palavras, utilizamos um conjunto de símbolos para ler e representar fenômenos em um mapa.

A Cartografia utiliza pontos, linhas e áreas, que são empregados de acordo com a forma como os fenômenos se manifestam no espaço geográfico. Além disso, eles podem ser representados com formas, tamanhos e cores diferentes. Observe abaixo um exemplo.

Brasil: principais rodovias (2014)

LEGENDA
Rodovias
— Pavimentadas
---- Sem pavimentação
BR-101 Código federal de rodovia

Adaptado de: BRASIL. **Ministério dos Transportes**. Disponível em: <www.transportes.gov.br>. Acesso em: 10 maio 2016.

Agora vamos refletir um pouco sobre esse mapa.

1. O mapa está representando a distribuição de:

    ☐ ferrovias   ☐ rios   ☐ rodovias

2. No mapa estão representados dois tipos de rodovias. Quais são elas?

   _____

   _____

3. Quais elementos foram utilizados para representar as rodovias?

    ☐ pontos   ☐ linhas   ☐ áreas

4. Como as rodovias estão diferenciadas no mapa?

    ☐ com cores diferentes   ☐ com tamanhos diferentes

    ☐ com formas diferentes

5. Que tipo de rodovia federal predomina na maior parte do país? Justifique.

   _____

   _____

6. Como as rodovias estão distribuídas pelo território?

   _____

   _____

7. Qual região possui menos rodovias?

   _____

8. De acordo com o que você já estudou, por que as rodovias estão distribuídas dessa maneira pelo território?

LER E ENTENDER

Você já ouviu falar em literatura de **cordel**? O cordel é uma tradição herdada dos portugueses, muito popular na região Nordeste, e pode tratar de vários temas. Qual será o tema do cordel a seguir? Qual será a característica desse tipo de texto? Preste atenção na leitura do professor.

Capa do cordel infantil **Brincadeiras populares**, de Abdias Campos.

O cordel é um texto publicado em folhetos (livrinhos), que costumam ficar pendurados em barbantes (cordéis) nas feiras.

Autor: Abdias Campos

BRINCADEIRAS POPULARES

As brincadeiras que a gente
Brinca desde criancinha
São inventadas, por isso
Em nossa casa ou vizinha
Tem sempre alguém que aprendeu
Mais uma brincadeirinha

Pra brincar de **Amarelinha**
Faz um desenho no chão
Com quadrados ou retângulos
Risca com giz ou carvão
No topo faz forma oval
E põe a numeração

Começa a recreação
Jogando uma pedrinha
Na casa número 01
Tem que ficar direitinha
Pula num pé só e sai
Brincando de amarelinha

Primeira página do cordel infantil **Brincadeiras populares**, de Abdias Campos.

ANALISE

1. O que você pensou sobre o tema do cordel antes de ler foi confirmado?

2. Como é a ilustração da capa do cordel?

3. Quem é o autor desse cordel? Onde ele foi feito? Indique também o estado e a região.

   _____

   _____

4. O cordel sempre é escrito em versos, com rimas. Circule as rimas dos versos.

5. De acordo com o cordel:

   a) quais são os materiais necessários para brincar de amarelinha?

   _____

   b) quais são as regras da amarelinha?

RELACIONE

6. Para qual público foi escrito esse cordel?

7. Você já brincou de amarelinha? Se sim, as regras descritas no cordel são iguais às da brincadeira que você conhece?

8. Em sua opinião, por que o título é **Brincadeiras populares**?

9. Você conhece outras brincadeiras populares? Faça, em uma folha à parte, um cordel sobre uma brincadeira popular que você costuma brincar. Depois declame para os colegas.

O QUE APRENDI?

Agora é hora de retomar as discussões realizadas nesta Unidade.

1. Quais são as atividades econômicas retratadas nas imagens de abertura? Elas representam as atividades importantes de cada região?

_____
_____
_____
_____
_____
_____
_____

2. Preencha o quadro abaixo destacando as características de cada região estudada nesta Unidade que mais chamaram a sua atenção.

	Região Nordeste	Região Centro-Oeste
Características naturais		
População		
Atividades econômicas		
Cultura popular		

3. Escolha uma das características destacadas no quadro e faça um desenho em uma folha à parte. Apresente seu desenho para a turma. Depois, converse com os colegas e o professor sobre o que cada um achou mais interessante no estudo das regiões Nordeste e Centro-Oeste do Brasil.

UNIDADE

4

REGIÕES SUDESTE E SUL

Porto de Santos (SP), em 2015.

- Quais elementos naturais e culturais você observa nestas paisagens?
- O que você sabe sobre as atividades retratadas nas imagens?
- Apenas observando as paisagens retratadas você consegue identificar a quais regiões do Brasil elas pertencem?

Plantação de trigo em Nova Fátima (PR), em 2015.

CAPÍTULO 10

REGIÃO SUDESTE

HISTÓRIA

Atualmente, a região Sudeste do Brasil é a mais populosa, industrializada e desenvolvida economicamente. Você sabe por que ela se tornou tão importante para a economia do país? Conhecendo um pouco da história da região, você vai descobrir.

Apesar de as terras do que hoje chamamos de região Sudeste já terem sido exploradas com a extração do pau-brasil e ocupadas com alguns engenhos de cana-de-açúcar, a primeira atividade econômica que atraiu muitas pessoas para a região foi a exploração do ouro nas terras do atual estado de Minas Gerais, no final do século 17.

A região das minas tornou-se então um centro econômico muito importante e já no final do século 17 e início do 18 foram fundadas várias cidades, entre elas Mariana e Vila Rica (atual Ouro Preto).

São Sebastião do Rio de Janeiro, atual cidade do Rio de Janeiro, também cresceu nessa época porque aí se localizava o principal porto de exportação de ouro. Em 1763 ela se transformou em capital do país.

Algumas áreas da região foram ocupadas com pequenas atividades agrícolas e criação de animais para abastecer a população das cidades que cresciam em função da exploração do ouro.

No final do século 18, as minas se esgotaram. Com a decadência da mineração, expandiram-se as lavouras de café, que no século 19 e início do 20 tornaram-se a principal atividade econômica do país. A principal mão de obra utilizada era o trabalho escravo, mas posteriormente muitos imigrantes, principalmente italianos, passaram a trabalhar nas lavouras.

Marcelo Lelis/Arquivo da editora

As primeiras plantações de café ocupavam o vale do rio Paraíba do Sul, em terras de São Paulo e do Rio de Janeiro, e ao longo da segunda metade do século 19 e início do 20 expandiram-se em direção ao Espírito Santo, ao sul de Minas e ao interior de São Paulo, até ocupar terras do norte do Paraná.

Essa expansão contribuiu para o desenvolvimento de várias cidades no interior e também no litoral, onde havia pequenos portos. Desses portos, o café era embarcado para os portos de Santos ou do Rio de Janeiro, de onde seguia para o exterior. Observe o mapa.

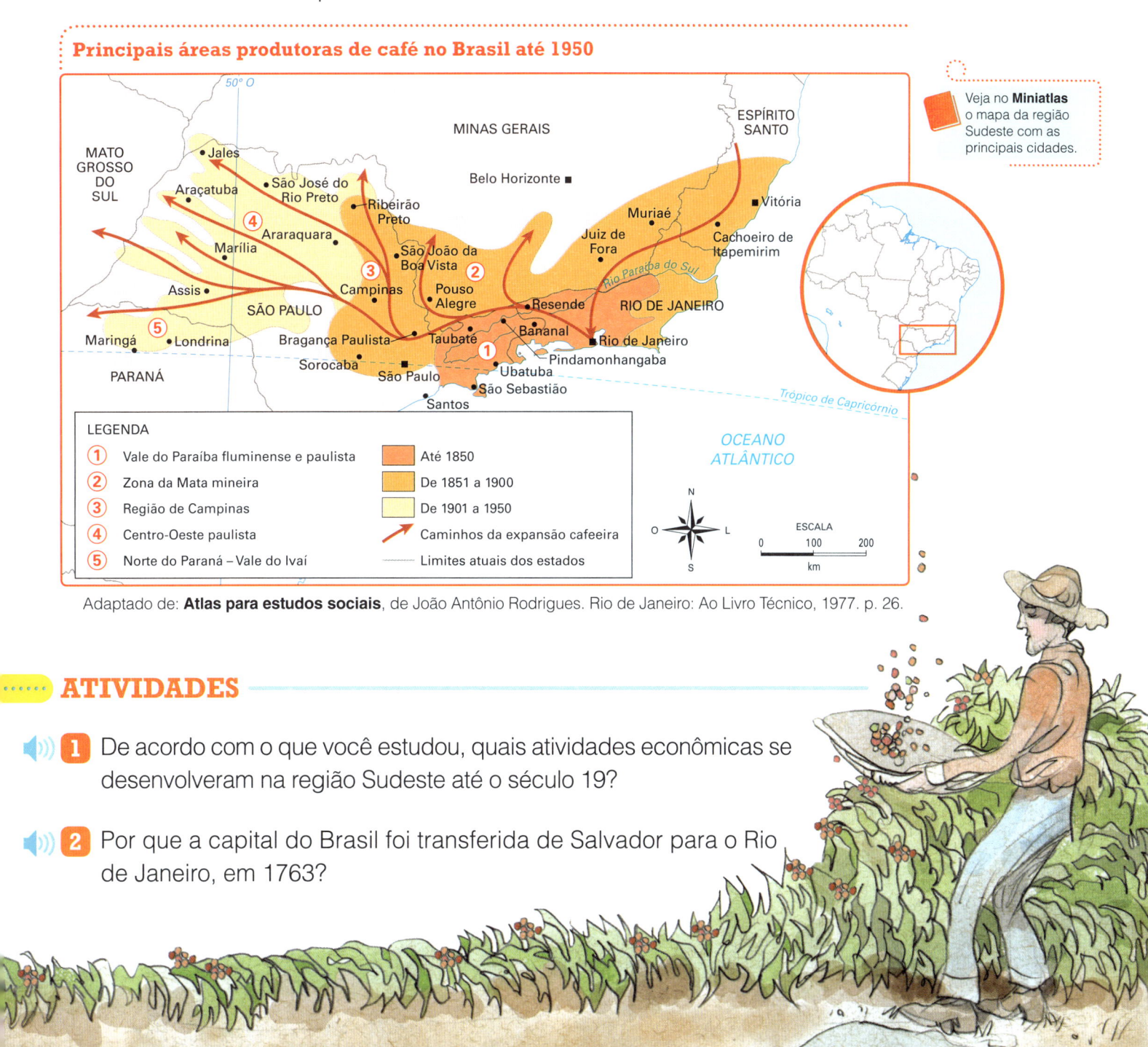

Principais áreas produtoras de café no Brasil até 1950

LEGENDA
① Vale do Paraíba fluminense e paulista
② Zona da Mata mineira
③ Região de Campinas
④ Centro-Oeste paulista
⑤ Norte do Paraná – Vale do Ivaí

Até 1850
De 1851 a 1900
De 1901 a 1950
Caminhos da expansão cafeeira
Limites atuais dos estados

Adaptado de: **Atlas para estudos sociais**, de João Antônio Rodrigues. Rio de Janeiro: Ao Livro Técnico, 1977. p. 26.

Veja no **Miniatlas** o mapa da região Sudeste com as principais cidades.

ATIVIDADES

1 De acordo com o que você estudou, quais atividades econômicas se desenvolveram na região Sudeste até o século 19?

2 Por que a capital do Brasil foi transferida de Salvador para o Rio de Janeiro, em 1763?

CARACTERÍSTICAS NATURAIS

Na região Sudeste predominam os planaltos, com a presença de variado conjunto de serras. Na porção oriental do território, mais próximo ao litoral, encontram-se as serras do Mar e da Mantiqueira. Já no interior, em terras mineiras, localizam-se as serras da Canastra e do Espinhaço. Esse segundo conjunto de serras surgiu há mais tempo do que as serras do litoral, quando intensas atividades vulcânicas levaram à formação de minérios como o ouro, o alumínio e o ferro, de grande valor comercial atualmente.

Nas outras áreas, como no interior de São Paulo, predominam terrenos mais planos, de solos férteis, que são intensamente usados para agricultura.

Veja no **Miniatlas** o mapa altimétrico do Brasil com a localização das serras citadas no texto.

A região apresenta grande variedade de climas, como você pode observar no mapa. Nas áreas mais elevadas, predomina o clima tropical de altitude, onde as médias de temperatura são mais baixas que nas áreas de clima tropical, que apresentam verão quente e chuvoso e inverno seco. No litoral, predomina o clima litorâneo úmido, influenciado pelas massas de ar úmidas vindas do oceano, que provocam chuvas ao longo de todo o ano.

Região Sudeste: climas

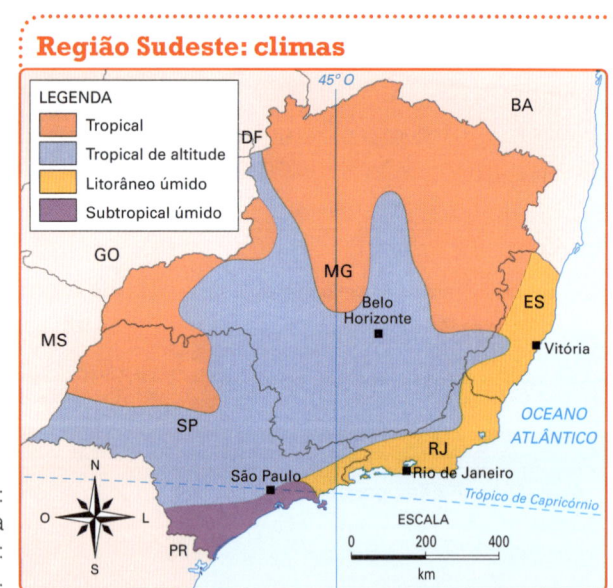

LEGENDA
- Tropical
- Tropical de altitude
- Litorâneo úmido
- Subtropical úmido

Adaptado de: **Geoatlas**, de Maria Elena Simielli. 34. ed. São Paulo: Ática, 2014. p. 118.

Serra da Mantiqueira, em Passa Quatro (MG), em 2015.

Por causa da variedade de climas e influenciada pelas características do relevo, a região Sudeste apresenta diversas formações vegetais.

Nas áreas onde ocorrem poucas chuvas, encontram-se vegetações de cerrado e de caatinga. Já no litoral e nas demais áreas onde as chuvas são mais frequentes predomina a floresta tropical, chamada mata Atlântica, hoje muita devastada.

Na fotografia, mata Atlântica em Tapiraí (SP), em 2015. Essa floresta é densa e permanece verde o ano todo.

ATIVIDADES

1 Como os diferentes climas influenciam a distribuição da vegetação na região Sudeste?

2 Cite uma característica do relevo da região Sudeste.

POPULAÇÃO E ATIVIDADES ECONÔMICAS

Como você aprendeu, desde o final do século 17 até o século 19 a região Sudeste foi um polo de atração de pessoas, primeiro na época da mineração e depois durante a expansão da cafeicultura. No século 20 o que atraiu muita gente para o Sudeste foi a industrialização, que trouxe desenvolvimento para a região. Tanto para a cafeicultura como para as atividades industriais, o trabalho de imigrantes foi muito importante.

Durante o processo de industrialização (a partir de 1930), os centros urbanos foram se desenvolvendo, e muitas pessoas deixaram o campo para viver nas cidades, em busca de trabalho e de melhores condições de vida, caracterizando o que se chama de **êxodo rural**.

Essa migração (também de pessoas de outras regiões do país, principalmente do Nordeste) contribuiu para o aumento da população urbana e para o desenvolvimento dos municípios no Sudeste.

Hoje, a região Sudeste é a mais populosa do Brasil e é onde estão localizados os principais centros urbanos do país: Rio de Janeiro e São Paulo.

Cidade de São Paulo (SP) em 2015.

Cidade do Rio de Janeiro (RJ) em 2015.

Atualmente, na região Sudeste está a maior concentração industrial do país, apesar de ter havido nos últimos anos o desenvolvimento de indústrias em outras regiões. Nos grandes centros urbanos encontram-se comércios e serviços diversificados, e a sede de grandes empresas. No Sudeste está localizado o maior porto brasileiro, em Santos (SP).

A agricultura também é bastante desenvolvida na região, com cultivos de café e cana-de-açúcar, principalmente, e algumas atividades ligadas ao extrativismo mineral também geram riqueza e trabalho.

Área de extração de minério de ferro em Ouro Preto (MG), em 2014. A região de maior exploração de minérios em Minas Gerais é chamada de Quadrilátero Ferrífero.

Plataforma de exploração de petróleo próximo da baía de Guanabara, no Rio de Janeiro (RJ), em 2015. O estado é o maior produtor de petróleo do país.

ATIVIDADES

1 O que é êxodo rural?

_____

_____

2 Quais são as principais atividades econômicas da região Sudeste?

_____

_____

_____

A INDUSTRIALIZAÇÃO BRASILEIRA

1. Na segunda metade do século 19, quando o cultivo de café se expandia pela região Sudeste do Brasil, a Lei Áurea aboliu oficialmente a escravidão no país, em 1888.

2. Com o fim da escravidão, o governo brasileiro incentivou a vinda de imigrantes para trabalhar nas lavouras de café, em troca de salário. Os imigrantes eram espanhóis, alemães, franceses, sírios, libaneses e, principalmente, italianos.

3. Com os lucros obtidos da exportação de café, os fazendeiros, chamados barões do café, passaram a investir na compra de máquinas para a instalação de indústrias na cidade. Os lucros foram investidos também na construção de ferrovias que possibilitavam o transporte do café das fazendas até o porto de Santos (de onde era exportado para a Europa).
As primeiras fábricas produziam tecidos, roupas, alimentos e bebidas.

4. Muitos imigrantes também vieram para o Brasil para trabalhar nas fábricas. Grande parte deles já conhecia esse tipo de trabalho, porque em seus países as indústrias já estavam mais desenvolvidas. Como o trabalho era remunerado (eles recebiam um salário), surgiu um mercado consumidor, ou seja, compradores para os produtos fabricados (e para outros que não eram produzidos nas fábricas).

Ilustrações: Weberson Santiago/Arquivo da editora

5 No início da década de 1930, uma crise econômica mundial abalou a economia brasileira. A quantidade de café exportado diminuiu muito. Foi a oportunidade para que os barões do café aplicassem ainda mais seus lucros nas indústrias. Aos poucos, as indústrias brasileiras foram produzindo o que antes era preciso importar de outros países. Muitos trabalhadores das lavouras de café foram para as cidades trabalhar nas indústrias.

6 Durante as décadas de 1940 e 1950, muitas indústrias foram criadas pelo governo brasileiro para desenvolverem ainda mais o setor no país. Eram fábricas que produziam máquinas para as outras indústrias e matérias-primas, como as **siderúrgicas**, mineradoras e **petroquímicas**. A Petrobras e a Vale do Rio Doce (hoje chamada apenas Vale) são exemplos dessas empresas. Assim, surgiram indústrias de todos os tipos no Brasil.

siderúrgicas: indústrias que produzem ferro, aço e alumínio.

petroquímicas: indústrias que transformam o petróleo em gasolina e plástico, por exemplo.

A industrialização e a urbanização

As indústrias se desenvolveram nas cidades e atraíram as pessoas para morarem próximo dos locais de trabalho. O comércio se desenvolveu e os serviços como escolas, hospitais, tratamento de água e de esgoto se expandiram para atender os habitantes.

Com tudo isso, as cidades passaram a oferecer melhores condições de vida, sendo cada vez mais procuradas pelas pessoas.

Vista de fábricas no bairro do Brás, em São Paulo (SP), em 1925.

Ilustração da avenida Paulista, na cidade de São Paulo (SP), no início do século 20. Muitos barões do café construíram suas residências nessa avenida.

PROBLEMAS SOCIAIS E AMBIENTAIS

Assim como acontece em outras regiões do Brasil, na região Sudeste existem profundas desigualdades sociais geradas sobretudo pela má distribuição de renda entre a população.

O acelerado crescimento das cidades do Sudeste não foi acompanhado da implantação de serviços de saneamento, educação, saúde e moradia, para atender a população. A falta de emprego e a existência de baixos salários agravam as desigualdades na região.

As grandes cidades do Sudeste têm atualmente problemas de falta de moradia, ocupação de áreas inadequadas, como morros e beira de córregos e rios, carência de escolas e hospitais, deposição inadequada de lixo, poluição de rios pelo esgoto doméstico e industrial, enchentes, entre muitos outros.

Moradias precárias em São Paulo (SP), em 2015.

Rua alagada em Vila Velha (ES), em 2013.

Outro problema dos grandes centros urbanos como São Paulo e Rio de Janeiro é o transporte. O transporte público se tornou insuficiente para atender às necessidades da população, e o grande número de carros particulares nas ruas tem gerado congestionamentos e poluição do ar.

Com o desenvolvimento industrial do Sudeste, a poluição do ar e dos rios se transformou rapidamente em um dos maiores problemas da região. Conheça o caso de Cubatão, no litoral de São Paulo.

O mau e o bom exemplo de Cubatão

O município de Cubatão (SP) se transformou em um grande polo industrial na década de 1970, mas com níveis de poluição tão altos que começaram a prejudicar a saúde dos moradores das proximidades. Parte da mata Atlântica que recebia os gases poluentes ficou devastada. Felizmente, na década de 1990, um plano de recuperação da área foi colocado em prática e as emissões de gases poluentes foram controladas. A vegetação foi replantada e a fauna voltou à região.

Outras atividades, como a exploração do solo por empresas mineradoras, também têm causado diversos problemas ambientais, como o desmatamento e o assoreamento e a contaminação dos rios com **metais pesados**, resíduos dessa atividade.

Na fotografia é possível observar o desastre causado pelo rompimento de uma barragem construída para armazenar resíduos de mineração em Bento Rodrigues, distrito de Mariana (MG), em 2015. A lama e os resíduos tóxicos contaminaram o rio Doce e chegaram ao oceano Atlântico.

Cristiane Mattos/Futura Press

Veja no **Miniatlas** o mapa altimétrico com a localização do rio Doce.

Em relação à vegetação natural, a mata que ocupava grande parte das terras do Sudeste foi bastante devastada. Algumas áreas remanescentes estão hoje protegidas em **unidades de conservação** criadas pelo governo.

metais pesados: elementos químicos que não são eliminados ou digeridos pelos seres vivos, e que se acumulam no organismo.

unidades de conservação: áreas com flora e fauna preservadas que são protegidas por leis específicas.

ATIVIDADES

- Faça uma pesquisa em jornais e na internet sobre as consequências ambientais e sociais do desastre ocorrido em Mariana (MG), em 2015, com o rompimento da barragem do Fundão.

LEITURA DE IMAGEM

MOBILIDADE URBANA

O congestionamento é um dos problemas das grandes cidades. Por isso, a mobilidade nas áreas urbanas é um tema que deve ser discutido pelos governantes e pela população. Onde você mora os congestionamentos são um problema? Quais são as possíveis soluções? Você tem alguma sugestão?

OBSERVE

Jacarta, na Indonésia, em 2011.

São Paulo (SP), em 2013.

1. O que você observa nas imagens?

ANALISE

2. As imagens mostram um problema urbano? O que causa esse problema?

   _____
   _____

3. Em sua opinião, qual foi a intenção dos fotógrafos ao fazerem essas imagens?

4. As imagens mostram uma alternativa para o deslocamento nas cidades. Qual é ela?
   - ☐ Uso do transporte coletivo.
   - ☐ Uso da bicicleta.
   - ☐ Andar a pé.

5. Em sua opinião, existem desvantagens no uso da bicicleta como meio de transporte?

   _____
   _____
   _____

RELACIONE

6. Quais são as consequências dos congestionamentos para o meio ambiente e a saúde das pessoas?

7. No lugar em que você mora as pessoas costumam usar bicicleta para ir ao trabalho ou à escola? Existe ciclovia?

8. Se você fosse o prefeito de um município onde o congestionamento e a poluição do ar fossem problemas graves, quais soluções você proporia para resolvê-los? Converse com os colegas e o professor.

ATIVIDADES DO CAPÍTULO

1. Como você estudou, o Sudeste é a região do Brasil mais populosa, industrializada e desenvolvida economicamente. Explique, com suas palavras, como ela se tornou tão importante economicamente para o país.

   _____
   _____
   _____
   _____
   _____

2. Escreva um texto em seu caderno descrevendo o processo de industrialização do Brasil, apresentado nas páginas 126 e 127. Lembre-se de incluir em seu texto:
   - a importância dos lucros gerados com a cafeicultura;
   - a importância do trabalho do imigrante.

3. Leia a história em quadrinhos abaixo e depois responda às questões.

   LA VIE EN ROSE - Adão Iturrusgarai

   [Quadrinho 1: AI... AI...]
   [Quadrinho 2: FIZ DE TUDO PRA FUGIR DA CIDADE!]
   [Quadrinho 3: MAS ELA INSISTE EM VIR ATRÁS DE MIM!]

   © Adão Iturrusgarai/Folha de S.Paulo, 9 de outubro de 2002.

   a) O que você entendeu da história em quadrinhos? Converse com os colegas para saber o que eles entenderam.

   b) De acordo com o que você estudou neste capítulo, qual é a relação entre a urbanização e a industrialização?

4. Observe o mapa sobre a extensão do bioma Mata Atlântica e depois responda às questões.

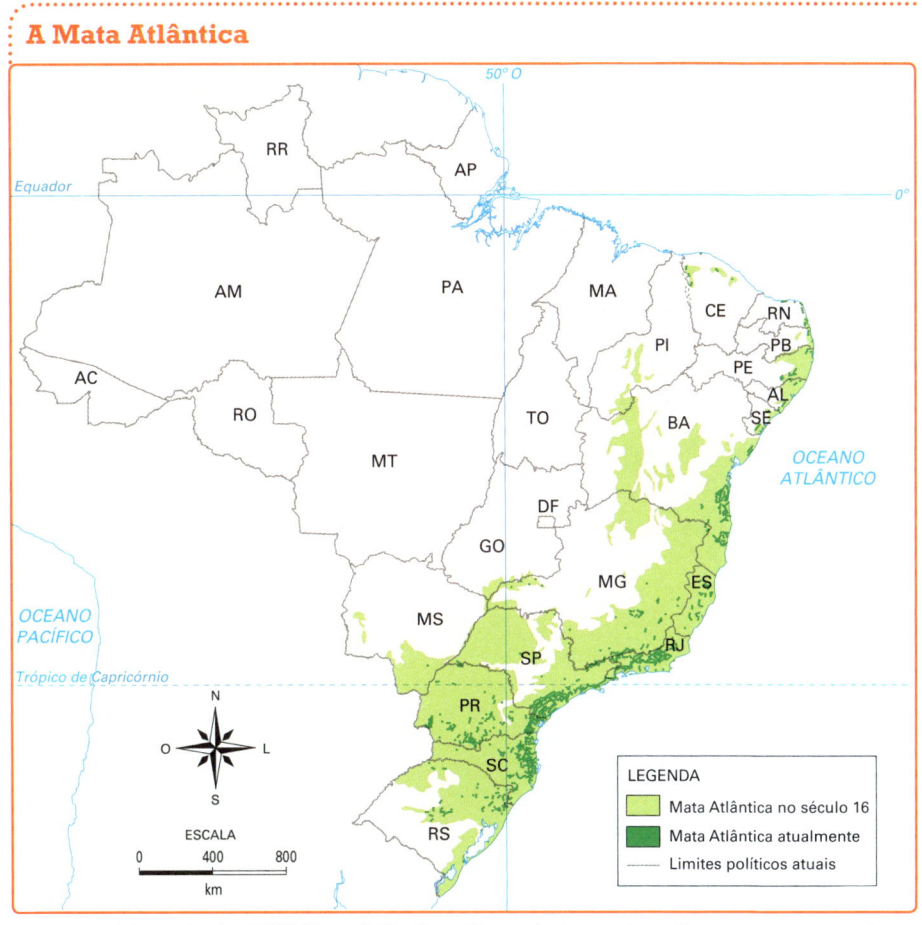

A Mata Atlântica

Adaptado de: **SOS Mata Atlântica**. Disponível em: <http://mapas.sosma.org.br>. Acesso em: 12 fev. 2016.

bioma: conjunto de ecossistemas; grandes porções da superfície terrestre que abrigam vários ecossistemas, mas que têm certa unidade quanto ao tipo de vegetação, determinada principalmente pelas características do clima e do relevo.

a) Com um lápis colorido marque no mapa os limites da região Sudeste.

b) O que o mapa está representando?

c) De acordo com o que você estudou, o que provocou a destruição de grande parte da Mata Atlântica na região Sudeste do Brasil?

d) Quais são as outras regiões brasileiras onde o bioma Mata Atlântica ocupava grande extensão e atualmente possui poucas áreas remanescentes?

5. Observe as fotografias.

Rio de Janeiro (RJ), em 2015.

São Paulo (SP), em 2015.

a) Quais os problemas apresentados nas imagens acima?

_____

_____

_____

b) Em sua opinião, esses problemas são apenas dos grandes centros urbanos da região Sudeste? Explique sua resposta.

6. Leia o texto abaixo:

> Inaugurado em 1892, o porto de Santos não parou de se expandir, atravessando todos os ciclos de crescimento econômico do país [...]. Açúcar, café, laranja, algodão, adubo, carvão, trigo, sucos cítricos, soja, veículos, granéis líquidos diversos, em milhões de quilos, têm feito o cotidiano do porto, que já movimentou mais de um bilhão de toneladas de cargas diversas, desde 1892, até hoje.
>
> Porto de Santos. Disponível em: <www.portodesantos.com.br/historia.php>.
> Acesso em: 18 maio 2016.

- De acordo com o texto e com o que você estudou neste capítulo, qual é a importância do porto de Santos para o desenvolvimento da região Sudeste e do Brasil? Converse com os colegas e o professor.

7. Observe os dados do gráfico e depois responda às questões.

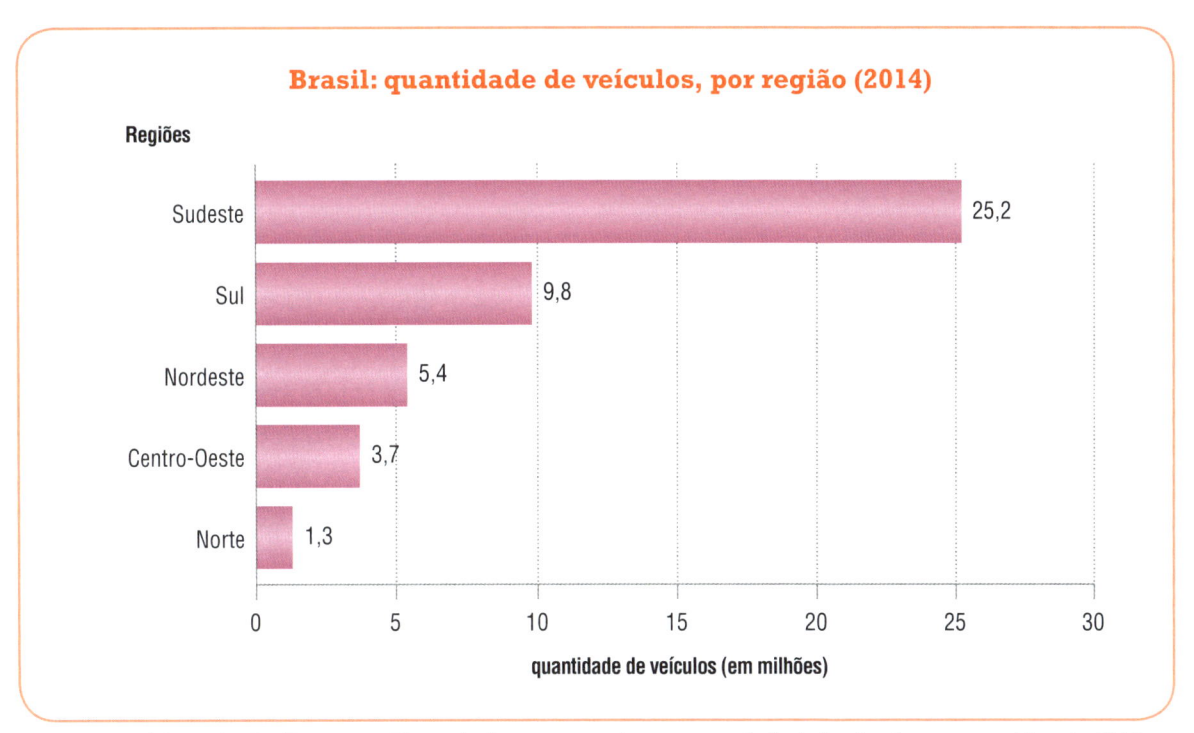

Brasil: quantidade de veículos, por região (2014)

Regiões
- Sudeste: 25,2
- Sul: 9,8
- Nordeste: 5,4
- Centro-Oeste: 3,7
- Norte: 1,3

quantidade de veículos (em milhões)

Adaptado de: **Denatran**. Disponível em: <www.denatran.gov.br/frota.html>. Acesso em: 16 maio 2016.

a) De acordo com os dados do gráfico, qual é a região que possui o maior número de veículos? Qual é o número aproximado de veículos indicado?

_____

b) Em sua opinião, por que a maioria dos veículos brasileiros se concentra na região Sudeste?

_____
_____

c) No lugar em que você mora o congestionamento é um problema grave? Converse com os colegas e o professor.

8. Faça uma pesquisa sobre o Quadrilátero Ferrífero, em Minas Gerais. Descubra a localização dessa importante região mineradora do país e os principais minérios extraídos. Faça suas anotações no caderno e apresente o resultado da pesquisa para os colegas.

CAPÍTULO 11

REGIÃO SUL

● HISTÓRIA

Você sabia que a colonização da região Sul foi diferente do processo que ocorreu nas regiões Sudeste e Nordeste? E que isso se reflete até hoje em algumas características da região?

Nas terras da região Sul não foram encontrados minérios que despertassem interesse comercial, e suas condições climáticas não eram favoráveis ao cultivo de produtos tropicais, como a cana-de-açúcar. Por isso, a região não despertou o interesse de Portugal no início da colonização, como aconteceu com a região Nordeste, por exemplo.

Como os portugueses precisavam ocupar o território para garantir sua posse, no início do século 18 o governo português começou a doar terras para atrair imigrantes europeus e povoar a região.

Os imigrantes se fixaram em pequenas e médias propriedades e se organizaram em colônias, para não ficarem isolados. Eles praticavam a policultura, utilizando a mão de obra familiar. O trabalho escravo foi pouco utilizado na região.

As famílias das colônias se organizavam para variar a produção. Umas produziam cereais como arroz e trigo, outras produziam legumes, outras criavam animais. Assim, podiam vender ou trocar os produtos entre si. Portanto, a produção era voltada para a subsistência e para o abastecimento do mercado interno. Em algumas áreas, iniciou-se a criação de gado para abastecer as cidades que surgiam, principalmente próximo às minas de ouro do Sudeste.

colônias: assentamento de várias famílias em áreas próximas.

policultura: cultivo de vários produtos.

Construções típicas alemãs em Blumenau (SC), em 2014.

O povoamento da região Sul contou com imigrantes de diversas origens, entre eles alemães, italianos, poloneses, ucranianos e japoneses.

A partir da segunda metade do século 19, muitos italianos se instalaram no sul de Santa Catarina e na serra Gaúcha (Rio Grande do Sul). Os alemães se fixaram no norte de Santa Catarina e no Rio Grande do Sul e, a partir de 1869, o Paraná recebeu poloneses e ucranianos. A última grande corrente imigratória para a região Sul foi a de japoneses, no século 20. Eles se estabeleceram no norte do Paraná.

Veja no mapa ao lado como os imigrantes se distribuíram no território e as cidades que fundaram.

A grande maioria dos indígenas habitantes da região foi expulsa ou morta com o avanço da ocupação, em batalhas ou por causa de doenças.

Adaptado de: **Migrantes**, de Dora Martins e Sônia Vanalli. São Paulo: Contexto, 1994. p. 78. (Repensando a Geografia).

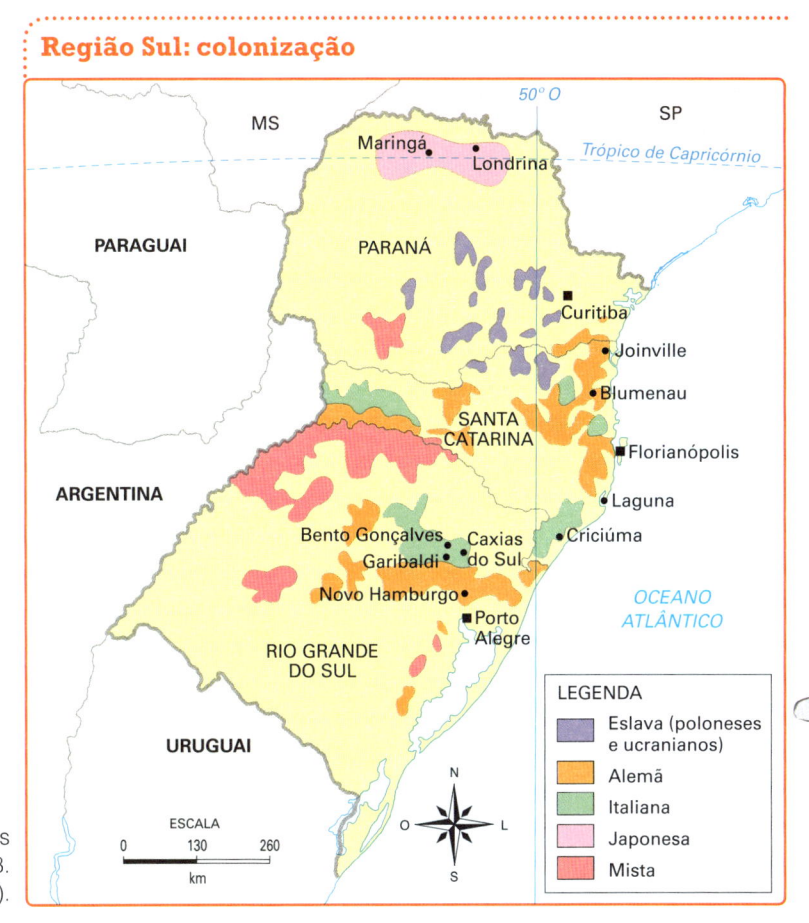

Região Sul: colonização

LEGENDA
- Eslava (poloneses e ucranianos)
- Alemã
- Italiana
- Japonesa
- Mista

ATIVIDADES

1 Com base no mapa, cite duas cidades fundadas por imigrantes na região Sul:

- italianos: _____
- alemães: _____
- japoneses: _____

2 Você identifica a influência de imigrantes no município onde mora? Converse com os colegas e o professor.

CARACTERÍSTICAS NATURAIS

Na região Sul predominam os planaltos, com destaque para as serras e a Campanha Gaúcha, também conhecida como Pampa. O Pampa é formado por coxilhas, colinas com inclinação suave. Sua área é coberta por vegetação rasteira (gramíneas), o que facilita a criação de gado na região. Abrange grande parte do estado do Rio Grande do Sul e se estende por terras da Argentina e do Uruguai.

> Veja no mapa altimétrico do **Miniatlas** a localização das serras da região Sul do Brasil.

As serras se localizam na porção leste da região e possuem cânions com muitas quedas-d'água.

A região tem uma rica rede hidrográfica, destacando-se o rio Paraná e seus afluentes. O rio Paraná é aproveitado como via de transporte e para a produção de energia elétrica. Nele foi construída a usina hidrelétrica de Itaipu, a maior usina brasileira, na divisa do Brasil com o Paraguai.

O clima predominante na região Sul é o subtropical, pois quase toda a sua área se encontra ao sul do trópico de Capricórnio, na zona temperada do planeta.

Esse clima é responsável pelas temperaturas médias mais baixas do país. Durante o inverno, as geadas são frequentes. Nas áreas serranas, as temperaturas caem bastante e, às vezes, há neve e congelamento de rios e cachoeiras.

No verão, as temperaturas são elevadas no litoral da região Sul. Em algumas cidades, como Joinville, a temperatura pode atingir 40 °C.

Nas áreas de clima subtropical, as chuvas são bem distribuídas ao longo do ano.

geadas: formações de cristais de gelo por causa da queda de temperatura.

Paisagem com coxilhas e criação de gado em Silveira Martins (RS), em 2014.

Gerson Gerloff/Pulsar Imagens

Essas características do clima favoreceram o desenvolvimento de uma vegetação rica e variada, com predomínio da mata dos Pinhais nas áreas de maiores altitudes, onde as temperaturas são mais baixas; da mata Atlântica mais próximo do litoral e na serra do Mar; e dos campos no extremo sul do país. A mata dos Pinhais, também chamada mata de Araucárias, faz parte do bioma Mata Atlântica, e já foi muito devastada, restando poucas áreas com a vegetação original.

Mata dos Pinhais em São Joaquim (SC), em 2015.

ATIVIDADES

- Leia a manchete de uma notícia e depois responda às questões.

> **Região Sul enfrenta madrugada gelada e com neve em Santa Catarina**
>
> Urupema em Santa Catarina registrou –2 °C. A sensação térmica em São José dos Ausentes era de –14 °C.
>
> G1. Disponível em: <http://g1.globo.com/bom-dia-brasil/noticia/2016/04/regiao-sul-enfrenta-madrugada-gelada-e-com-neve-em-santa-catarina.html>. Acesso em: 13 maio 2016.

a) Quais as características do clima da região Sul destacadas na manchete da notícia?

b) Qual é o clima predominante na região Sul?

c) Por que a região Sul apresenta o clima com as temperaturas mais baixas do Brasil?

d) Você já viu neve? Se sim, conte aos colegas que não conhecem como ela é. Se não, como você imagina que ela é?

POPULAÇÃO E ATIVIDADES ECONÔMICAS

A presença de imigrantes de diversos países e a migração interna contribuíram com a miscigenação da população da região Sul do país. Como foi utilizada pouca mão de obra de africanos, os negros não têm grande participação na composição da população, como ocorre nas outras regiões do país.

A maior concentração de pessoas está nas capitais: Curitiba, Florianópolis e Porto Alegre. A menor concentração está na Campanha Gaúcha, ocupada pela pecuária e pela agricultura mecanizada, que utilizam pouca mão de obra.

Nas capitais, encontram-se diversificados centros comerciais e de serviços. Destacam-se também alguns municípios que são bastante industrializados, como Caxias do Sul e Gravataí (RS), Joinville (SC), Londrina e Maringá (PR).

As indústrias da região são diversificadas e produzem calçados, tecidos e alimentos, com destaque para os derivados de carne. Destacam-se também as indústrias de móveis e a automobilística.

A região possui dois importantes portos: Paranaguá, no Paraná, e Itajaí, em Santa Catarina. Por eles são exportados muitos produtos das regiões Sul e Centro-Oeste, como a soja e a madeira.

Vista de Curitiba (PR), em 2014.

A região Sul é a maior produtora de trigo do país. Esse cereal é resistente ao frio e se adaptou bem às características do clima e do relevo da região. O Sul também é grande produtor de soja, milho e arroz. Na criação de animais, destacam-se os suínos (porcos) e as aves. Muitos produtos abastecem o mercado interno, mas grande parte da produção é exportada.

Embora ainda existam pequenas propriedades, com trabalho familiar, na região é elevado o número de grandes propriedades que cultivam apenas um produto. Em geral, elas empregam poucos trabalhadores, pois nesse tipo de lavoura grande parte do trabalho é feita por máquinas.

Muito importante na região é a agropecuária, que abastece as indústrias, entre as quais destacam-se os frigoríficos de Santa Catarina e as vinícolas, que fabricam vinhos e sucos de uva.

Criação de suínos em Tunápolis (SC), em 2015. Os três estados da região Sul são os maiores criadores de suínos do Brasil.

ATIVIDADES

1 Quais são as principais atividades econômicas da região Sul?

2 Quais características naturais da região Sul contribuem para o desenvolvimento do cultivo de trigo?

PROBLEMAS SOCIAIS E AMBIENTAIS

Assim como as demais regiões do Brasil, a região Sul enfrenta problemas sociais e ambientais.

Como você estudou, a agropecuária é uma atividade econômica importante nos estados do Sul, mas o avanço e a modernização dessas atividades vêm provocando mudanças nas paisagens da região. O desmatamento e o empobrecimento dos solos são consequências dessas mudanças.

A mata de Araucárias já foi quase totalmente destruída. Restam apenas 2% da floresta original que no passado cobriu grande parte do Paraná, de Santa Catarina e do Rio Grande do Sul, e áreas menores na serra da Mantiqueira, em São Paulo, no Rio de Janeiro e em Minas Gerais. As principais causas de sua devastação foram a retirada da madeira para a produção de móveis e de papel e também a necessidade de terras para a agropecuária. Atualmente, a indústria de móveis utiliza madeira da silvicultura.

O intenso uso de máquinas agrícolas e de outras práticas inadequadas de cultivo provocou o aumento dos processos erosivos, comprometendo bastante a qualidade das terras e consequentemente seu aproveitamento em certas áreas da região.

silvicultura: plantação de árvores para comércio.

A fotografia mostra erosão na área rural de Cacequi (RS), em 2015.

A mecanização das atividades agrícolas no Sul provocou também problemas sociais. A partir da década de 1970, quando os produtores passaram a utilizar máquinas e equipamentos modernos para aumentar a produção, houve um intenso processo de concentração de terras, principalmente no oeste do Paraná e de Santa Catarina.

Os pequenos e médios produtores da região não foram beneficiados com empréstimos e financiamentos para a compra desses equipamentos. Com isso, sem a possibilidade de competir com os grandes produtores, eles foram forçados a vender suas propriedades e migrar para as cidades em busca de trabalho. Muitas famílias migraram para outras regiões do país, onde o governo promovia incentivos à ocupação. Isso contribuiu para o aumento da desigualdade de renda na região.

Protesto de trabalhadores sem-terra em São Miguel do Oeste (SC), em 2015. A má distribuição de terras é um problema em todo o Brasil.

O êxodo rural agravou alguns problemas das cidades da região Sul do país, entre eles a falta de moradia.

Apesar de possuir problemas sociais como as demais regiões do país, a região Sul apresenta alguns indicadores que apontam boas condições de vida, como a baixa mortalidade infantil e a mais alta taxa de alfabetização entre as regiões brasileiras. Reveja os gráficos da página 88.

ATIVIDADES

- Cite um problema ambiental e um problema social provocado pela mecanização das atividades agrícolas na região Sul.

ATIVIDADES DO CAPÍTULO

1. Observe as imagens e depois responda às questões.

Famílias de colonos italianos em plantação de uva, em Bento Gonçalves (RS), em 1937.

Plantação de uvas em Bento Gonçalves (RS), em 2015.

a) Quais são as principais características da colonização da região Sul?

_____
_____
_____
_____

b) A colonização da região Sul foi semelhante à colonização da região Nordeste do Brasil? Explique sua resposta.

_____
_____

c) O município de Bento Gonçalves é hoje o maior produtor de uva e de vinho do Brasil. Qual a relação dessa atividade com a imigração no país?

d) Além da Itália, de quais outros países eram os imigrantes que povoaram a região Sul do Brasil?

_____

2. Observe o mapa ao lado.

   a) Pinte no mapa os fluxos migratórios que partiram dos estados da região Sul do Brasil.

   b) De acordo com o mapa, para quais estados foram as pessoas que saíram da região Sul?

   c) De acordo com o que você estudou neste capítulo, o que motivou esse fluxo de pessoas?

Brasil: migrações entre 1970 e 1990

Adaptado de: **Geoatlas**, de Maria Elena Simielli. São Paulo: Ática, 2014. p. 135.

3. Observe a imagem ao lado e depois responda à questão.

   - Em sua opinião, essa paisagem pode ser de qual região do Brasil? Assinale a alternativa correta e justifique sua resposta.

     ☐ Região Sul.

     ☐ Região Nordeste.

     ☐ Região Norte.

Paisagem com neve no Brasil, em 2013.

_____
_____
_____
_____

CAPÍTULO 12

ASPECTOS CULTURAIS

TRADIÇÕES E COSTUMES DA REGIÃO SUDESTE

Como você já estudou, a região Sudeste é a mais populosa do Brasil e a que recebeu o maior número de migrantes e imigrantes. Você consegue imaginar como essa mistura de hábitos e costumes aparece no dia a dia dos lugares?

Atualmente, os grandes centros urbanos do Sudeste, como São Paulo, Rio de Janeiro e Belo Horizonte, têm a maior diversidade cultural do Brasil. Nessas cidades é possível encontrar pessoas do mundo todo, restaurantes que oferecem comidas de vários países, assistir a filmes estrangeiros e comprar produtos de outras regiões do Brasil e do mundo.

Em São Paulo, por exemplo, o atual bairro da Liberdade foi um dos lugares onde os imigrantes japoneses, e depois chineses e sul-coreanos, instalaram-se quando chegaram ao país. Nele podemos encontrar comércios e festividades típicos dessas nações. Já a Bela Vista foi um dos lugares onde os imigrantes italianos se instalaram. A tradicional festa da Achiropita, em São Paulo, em homenagem a Nossa Senhora da Achiropita, é uma manifestação religiosa da cultura italiana, que acontece todos os anos nesse bairro. Nessa festividade são apreciados vários pratos típicos italianos, como a macarronada.

Festival das Flores no bairro da Liberdade, em São Paulo (SP), em 2016. Nessa festividade comemora-se o nascimento de Buda (líder espiritual dos seguidores do Budismo).

Budismo: religião fundada por Buda, com muitos adeptos no Oriente, principalmente na China e no Japão.

146

No Rio de Janeiro, uma das manifestações culturais mais conhecidas é o samba. O samba surgiu na Bahia no século 19, herança da música africana, mas foi no Rio de Janeiro que se firmou principalmente por causa da presença numerosa de africanos e seus descendentes. Vários estilos de samba surgiram, entre eles o samba-enredo, do famoso Carnaval do Rio de Janeiro.

Muitas festividades da região Sudeste fazem homenagem aos santos de devoção. No estado do Espírito Santo, por exemplo, o Ticumbi é um folguedo com cantos e dança de origem africana que homenageia São Benedito, ainda muito celebrado em algumas cidades.

Apresentação do Ticumbi em Conceição da Barra (ES), em 2015.

ATIVIDADES

1 De acordo com o que você estudou, como se manifesta a diversidade cultural nos grandes centros urbanos da região Sudeste?

_____
_____

2 Leia o texto abaixo e depois responda às questões.

> [...] Qual é a base da mistura cultural do paulista? A resposta correta é: o mundo! Afinal, no início da imigração, homens e mulheres de mais de 60 países se estabeleceram em São Paulo em busca de oportunidades. Eles aqui foram acolhidos porque a província paulista necessitava de mão de obra para a lavoura cafeeira e, hoje, estima-se que São Paulo seja a terceira maior cidade italiana do mundo, a maior cidade japonesa fora do Japão, a terceira maior cidade libanesa fora do Líbano, a maior cidade portuguesa fora de Portugal e a maior cidade espanhola fora da Espanha. [...]
>
> Portal do Governo do estado de São Paulo. Disponível em: <www.saopaulo.sp.gov.br/conhecasp/gente-paulista>. Acesso em: 19 jun. 2016.

a) Quais os países de origem dos imigrantes que chegaram ao estado de São Paulo citados no texto?

_____

b) Dê um exemplo da influência da cultura desses povos nos costumes da região Sudeste.

TRADIÇÕES E COSTUMES DA REGIÃO SUL

A cultura da região Sul é marcada pela influência dos povos que colonizaram a região, e pode ser observada na arquitetura das construções, nas festividades e na culinária.

No Paraná, a principal influência cultural é de eslavos, ucranianos, poloneses, japoneses e italianos, além, é claro, de portugueses. Na culinária desse estado, um dos pratos típicos é o barreado, feito com carne bovina cozida e engrossada com farinha, de origem portuguesa.

No litoral desse estado também há a presença marcante do fandango, uma dança típica de Portugal e da Espanha, que possui um ritmo muito vigoroso, com fortes batidas dos pés, acompanhado por vários instrumentos, entre eles a viola e o pandeiro. Em 2012, o fandango foi registrado como patrimônio imaterial do Brasil.

Já no estado de Santa Catarina, as principais influências são a portuguesa e a alemã. Na arquitetura, a influência é visível nas construções em estilo típico alemão, chamado enxaimel, com telhados muito inclinados, que foram preservadas em algumas cidades como Blumenau, Joinville e Pomerode. Na culinária destaca-se o uso de peixes e frutos do mar.

Em algumas cidades de Santa Catarina e do Rio Grande do Sul acontece todos os anos, em outubro, a Oktoberfest, uma festa que celebra a cultura alemã no Brasil e que atualmente atrai muitos turistas para a região.

Desfile da Oktoberfest. Blumenau (SC), em 2015.

No Rio Grande do Sul muitos costumes e tradições de origem espanhola e portuguesa são mantidos até hoje. Nos pampas existe uma das mais importantes festividades de celebração da cultura gaúcha, a Semana Farroupilha. A festa termina com um grande desfile de cavaleiros em suas roupas típicas, como a bombacha (calça abotoada no tornozelo) e o lenço vermelho no pescoço.

Cavalgada comemorativa durante a Semana Farroupilha, em Tapera (RS), em 2014.

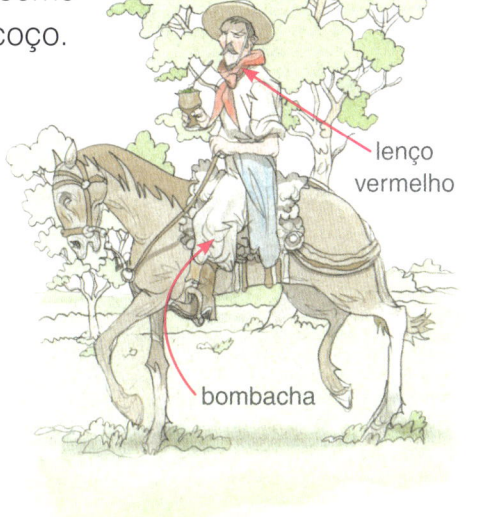

ATIVIDADES

1 A fotografia abaixo mostra uma construção em estilo alemão, chamado enxaimel.

Casa em Nova Petrópolis (RS), em 2015.

a) Em qual município a casa da imagem está localizada? Em qual estado?

b) Qual característica dessa construção chama mais a sua atenção? Por quê?

c) Em sua opinião, qual a importância de preservar essas construções?

2 No município em que você mora existe alguma casa, monumento ou paisagem natural que é considerado patrimônio cultural? Peça a ajuda de um familiar para descobrir isso. Depois conte aos colegas e ao professor suas descobertas.

ATIVIDADES DO CAPÍTULO

1. Leia as afirmações abaixo sobre a colonização da região Sul do Brasil. Assinale a alternativa **incorreta** e reescreva-a, corrigindo o erro.

    ☐ Muitas tradições e costumes das pessoas que moram nas regiões Sul e Sudeste do Brasil são influências dos imigrantes europeus.

    ☐ Os imigrantes alemães se instalaram principalmente no Paraná.

    ☐ Muitas construções na cidade de Blumenau têm influência dos imigrantes alemães.

    _____

    _____

2. Veja a fotografia abaixo.

    Desfile de escola de samba no Carnaval do Rio de Janeiro (RJ), em 2016.

    - Em sua opinião, o desfile de Carnaval do Rio de Janeiro, retratado na imagem, é uma manifestação da cultura popular que se transformou também em atrativo turístico? Por quê? Converse com os colegas e o professor.

3. Observe as fotografias abaixo, leia as legendas e responda às questões.

Festival Nipo-brasileiro de Maringá (PR), em 2015.

Apresentação de grupo de tambores na Expo Japão de Londrina (PR), em 2015.

a) Por que em Maringá e Londrina as tradições japonesas são comemoradas?

_____

_____

b) Em sua opinião, qual é a importância de festas como essas para a comunidade japonesa da região? Converse com os colegas e o professor.

4. Leia abaixo a manchete de uma notícia.

> Iphan reconhece fandango como patrimônio imaterial do Brasil
>
> Prefeitura de Paranaguá. Disponível em: <www.paranagua.pr.gov.br/noticias.php?noticia_id=3831>. Acesso em: 15 maio 2016.

a) O que significa o termo patrimônio imaterial? Se necessário, reveja a página 68.

b) Em sua opinião, qual a importância desse reconhecimento?

5. Quais são as principais influências culturais na região onde você vive? Converse com as pessoas de sua família e descubra se a região foi colonizada por imigrantes e de quais nacionalidades. Depois, compartilhe as informações com os colegas.

151

ENTENDER O ESPAÇO GEOGRÁFICO

O USO DAS CORES NOS MAPAS

Você já aprendeu que podemos utilizar as cores para diferenciar os elementos representados em um mapa. No mapa político do Brasil, por exemplo, utilizamos as cores para diferenciar a área de cada estado.

Nesta seção você vai aprender a utilizar as cores de forma ordenada, para representar em um mapa a expectativa média de vida dos habitantes de cada estado brasileiro. Observe a tabela abaixo.

Brasil: expectativa média de vida, por estado (2014)

Estado	Anos de idade	Estado	Anos de idade	Estado	Anos de idade
Santa Catarina	78	Mato Grosso do Sul	75	Paraíba	73
Distrito Federal	78	Goiás	74	Sergipe	72
Espírito Santo	77	Mato Grosso	74	Pará	72
São Paulo	77	Ceará	73	Amazonas	71
Rio Grande do Sul	77	Amapá	73	Rondônia	71
Minas Gerais	77	Acre	73	Roraima	71
Paraná	76	Pernambuco	73	Alagoas	71
Rio de Janeiro	76	Bahia	73	Piauí	71
Rio Grande do Norte	75	Tocantins	73	Maranhão	70

Adaptado de: **Portal Brasil**. Disponível em: <www.brasil.gov.br/cidadania-e-justica/2015/11/expectativa-de-vida-do-brasileiro-sobe-para-75-2-anos>. Acesso em: 18 maio 2016.

Agora, você vai representar no mapa da página ao lado as informações da tabela. Pinte cada estado utilizando uma combinação de cores (da mais clara para a mais escura, à medida que aumenta a expectativa de vida). Veja algumas sugestões no quadro abaixo.

Sugestão de cores

Até 72 anos de idade	verde claro	rosa claro	amarelo
De 73 a 75 anos de idade	verde médio	rosa médio	laranja
Acima de 75 anos de idade	verde escuro	roxo	vermelho

152

LEGENDA
- Até 72 anos de idade
- De 73 a 75 anos de idade
- Acima de 75 anos de idade

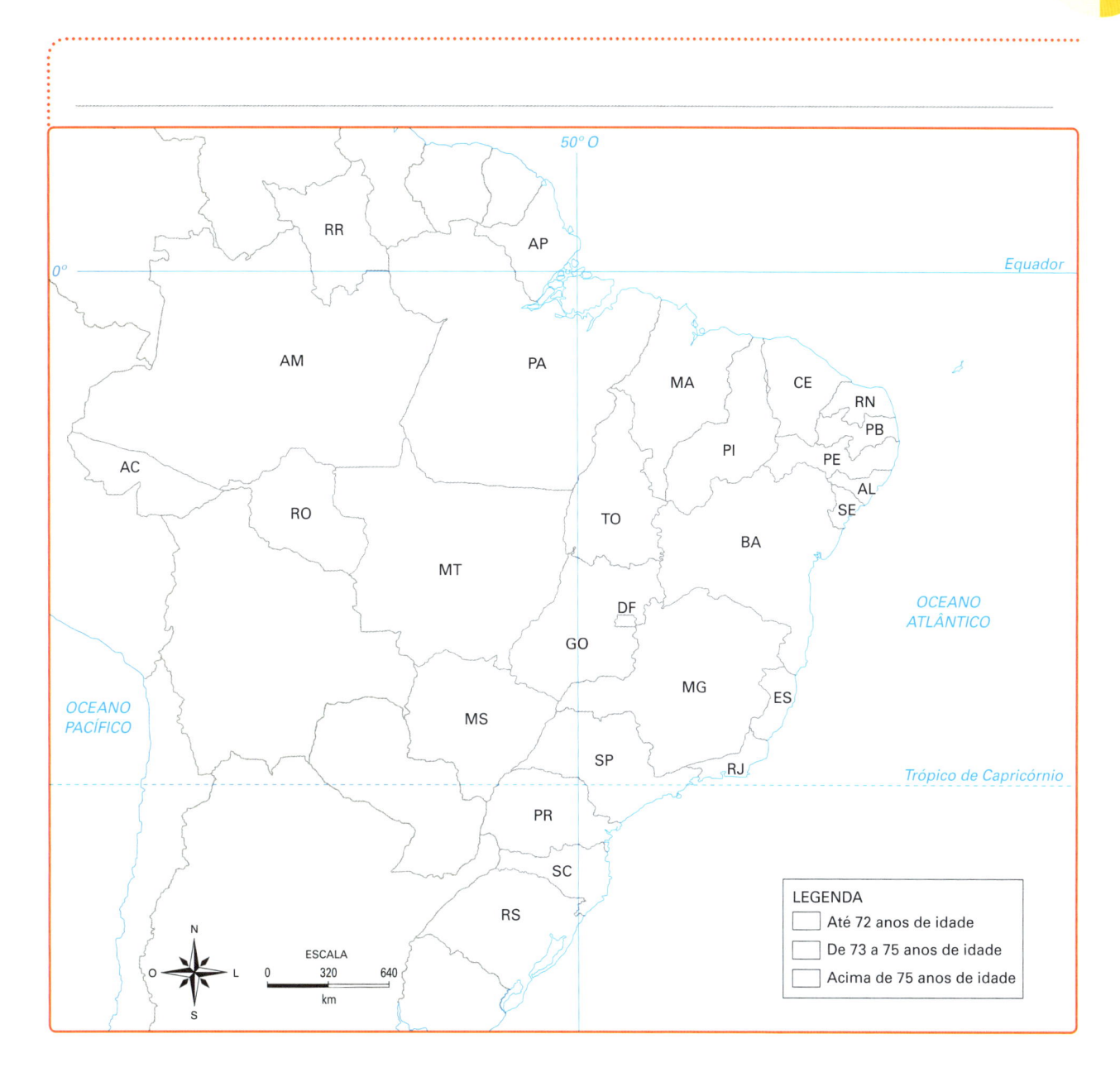

1. Dê um título para o mapa.

2. Em sua opinião, o mapa colorido com as cores ordenadas ajudou na visualização da informação? Justifique sua resposta.

3. De acordo com o mapa, é correto dizer que o Sul e o Sudeste são as regiões do Brasil onde as expectativas de vida são mais altas?

4. Que outras informações você pode representar por meio de cores ordenadas? Converse com os colegas e o professor.

LER E ENTENDER

Você certamente conhece uma **lenda**. Você se lembra que leu algumas neste livro? Você saberia contar uma lenda para os colegas?

As lendas são histórias transmitidas oralmente de geração em geração. Elas misturam fatos reais com a imaginação e geralmente procuram explicar acontecimentos que parecem sem explicação. O que será que a lenda que você vai ler a seguir explica?

A lenda da Gralha-Azul

Diz a lenda que muito tempo atrás, a Gralha-Azul era apenas uma gralha parda, semelhante às outras de sua espécie. Mas um dia a Gralha-Azul resolveu pedir para Deus lhe dar uma missão que lhe faria muito útil e importante. Deus lhe deu um pinhão, que a gralha pegou com seu bico, com muita força e cuidado. Abriu o fruto e comeu a parte mais fina. A outra parte mais gordinha resolveu guardar para depois, enterrando-a no solo.

No entanto, alguns dias depois ela havia esquecido o local onde enterrou o restante do pinhão. A gralha procurou, mas não encontrou aquela outra parte do fruto. Porém, ela percebeu que havia nascido, na área onde havia enterrado, uma pequena araucária. Então, toda feliz, a Gralha-Azul cuidou daquela árvore com todo amor e carinho.

Quando o pinheiro cresceu e começou a dar frutos, ela começou a comer uma parte dos pinhões e a enterrar a parte mais gordinha (semente), dando origem a novas araucárias. Em pouco tempo, conseguiu cobrir grande parte do estado do Paraná com milhares de pinheiros, dando origem à floresta de Araucárias. Quando Deus viu o trabalho da Gralha-Azul, resolveu dar um prêmio a ela: pintou suas penas da cor do céu, para que as pessoas pudessem reconhecer aquele pássaro, seu esforço e sua dedicação. Assim, a gralha que era parda, tornou-se azul.

Texto adaptado do *site* Pássaros silvestres. Disponível em: <http://passarossilvestres.com/gralha-azul/>. Acesso em: 16 maio 2016.

parda: cor escura, entre o branco e o preto.

ANALISE

1. O que a lenda da Gralha-Azul explica?

   _____

2. Como a lenda explica a origem da floresta de Araucárias?

   _____

   _____

   _____

RELACIONE

3. Em sua opinião, quais dos fatos contados na lenda são reais e quais são fruto da imaginação?

4. Observe a pintura.

Gralha e araucária, pintura de Di Magalhães feita em 2012. Óleo sobre tela, 70 cm × 50 cm.

a) O que você sente ao observar essa pintura?

b) Em sua opinião, o que o artista quis representar?

c) De acordo com o que você estudou nesta Unidade, o artista retratou uma realidade? Converse com os colegas e o professor.

O QUE APRENDI?

Agora é hora de retomar as discussões realizadas nesta Unidade.

1. De acordo com o que você estudou nesta Unidade, o que você sabe agora sobre as atividades retratadas nas imagens de abertura? Qual é a importância delas para a economia do Brasil?

___
___
___
___
___
___

2. Preencha o quadro abaixo destacando as características de cada região estudada nesta Unidade que mais chamaram a sua atenção.

	Região Sudeste	Região Sul
Características naturais		
População		
Atividades econômicas		
Cultura popular		

3. Escolha uma das características destacadas no quadro e faça um desenho em uma folha à parte. Apresente seu desenho para a turma. Depois, converse com os colegas e o professor sobre o que cada um achou mais interessante no estudo das regiões Sudeste e Sul do Brasil.

PARA SABER MAIS

LIVROS

ABC dos povos indígenas, de Marina Kahn. São Paulo: Edições SM, 2011.

A obra oferece um grande panorama dos povos indígenas do Brasil. Com o apoio de textos e ilustrações, você pode se informar sobre os costumes, os modos de vida, as atividades econômicas, a produção cultural e a organização social desses inúmeros povos.

Morõgetá Witã: oito contos mágicos, de Yaguarê Yamã. Curitiba: Positivo, 2014.

Este livro apresenta oito contos da tradição do povo indígena Maraguá, que vive no estado do Amazonas, na região Norte do Brasil. Uma obra que revela a riqueza da produção cultural dos povos indígenas.

Abecedário de bichos brasileiros, de Geraldo Valerio. São Paulo: WMF Martins Fontes, 2013.

Produzidas com a técnica da colagem, as ilustrações deste livro mostram diversos animais da fauna brasileira. Cada ilustração é acompanhada de um texto explicativo que fornece dados completos sobre os animais.

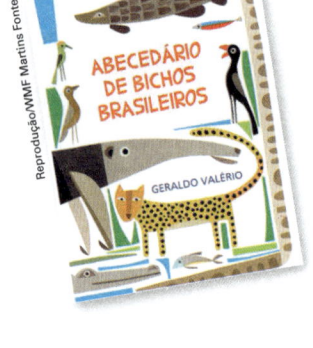

Meu, seu, de todos: patrimônio cultural, de Renata Consegliere. Curitiba: Positivo, 2014.

Neste livro você vai aprender o que é um patrimônio cultural e a importância de sua preservação. Aproveite para conhecer alguns patrimônios culturais do Brasil e práticas cidadãs importantes para sua preservação.

Festas, de Marcelo Xavier. São Paulo: Formato, 2012.

Diferentes festividades acontecem todos os anos, em todas as regiões do Brasil. Elas constituem marcas fundamentais da cultura do país em que vivemos. Este livro fala sobre a origem de algumas festas brasileiras, as transformações sofridas por cada uma delas ao longo do tempo e o papel do folclore no nosso cotidiano.

Árvores nativas brasileiras, de Fabiana Werneck Barcinski. São Paulo: WMF Martins Fontes, 2014.

Obra baseada no programa de televisão "Um pé de quê?", apresentado por Regina Casé. O livro mostra as características de sete árvores nativas do Brasil, com muitos textos, fotos e curiosidades.

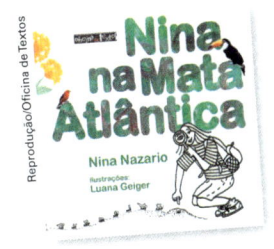

Nina na Mata Atlântica, de Nina Nazário. São Paulo: Oficina de Textos, 2009.

Que tal partir em uma aventura com Nina e seus amigos pela mata Atlântica? Essa turminha vai andar pelas matas, observando animais, plantas, rios e cachoeiras. Tudo isso para mostrar a você a diversidade dessa importante vegetação do Brasil.

O pantanal, de Rubens Matuck. São Paulo: Biruta, 2006.

Esta obra promove um passeio bem divertido e informativo pelo Pantanal. Com ela, você pode saber mais sobre os principais animais e plantas do Pantanal e admirar suas paisagens.

Um passeio na floresta amazônica, de Laurie Krebs. São Paulo: Edições SM, 2012.

Ao passear pela floresta Amazônica, as três crianças desta história descobrem que conservar as matas e os animais e respeitar a cultura e o modo de vida de quem vive na floresta é muito importante!

Vozes do sertão, de Lenice Gomes. São Paulo: Cortez, 2014.

Este livro é composto de nove histórias que tratam do Sertão nordestino. No estilo de conto ou de literatura de cordel, as histórias mostram os aspectos naturais e culturais do Sertão.

SITES

Mapa do brincar

<http://mapadobrincar.folha.com.br/brincadeiras/regioes.shtml>. Acesso em: 24 jun. 2016.

O Mapa do brincar é um projeto da *Folhinha*, suplemento infantil do jornal *Folha de S.Paulo*. O *site* reúne brincadeiras praticadas por crianças de todas as regiões do Brasil. Ao acessar o *link* indicado acima, você pode clicar nas regiões brasileiras, presentes no mapa do Brasil, e obter informações sobre a brincadeira escolhida. Há vídeos, textos e ilustrações sobre cada brincadeira, além de pequenos mapas que indicam seu município de origem.

Fundação SOS Mata Atlântica

<www.sosma.org.br>. Acesso em: 24 jun. 2016.

A Fundação SOS Mata Atlântica foi criada em 1986 com o objetivo de conservar os remanescentes da Mata Atlântica. A fundação promove diversas ações, como seminários, pesquisas e campanhas. Além disso, organiza e publica atlas e materiais diversos (livros, vídeos, etc.) sobre a floresta. Na aba "Notícias" é possível acessar reportagens sobre a preservação da Mata Atlântica. Já na aba "Galerias" há muitas fotos e vídeos que mostram as ações da fundação.

BIBLIOGRAFIA

ALMEIDA, R. D. de (Org.). *Novos rumos da cartografia escolar:* currículo, linguagem e tecnologia. São Paulo: Contexto, 2011.

BRASIL. Ministério da Educação. *Estatuto da Criança e do Adolescente.* 9. ed. Lei Federal n. 8069, de 13 de julho de 1990. Brasília: Imprensa Oficial, 2012.

_____. Ministério da Educação. Secretaria de Educação Básica. *Diretrizes Curriculares Nacionais da Educação Básica.* Brasília, 2013.

_____. Ministério da Educação. Secretaria de Educação Básica. Fundo Nacional de Desenvolvimento da Educação. *Ensino Fundamental de nove anos:* orientações para a inclusão da criança de seis anos de idade. Brasília, 2007.

_____. Ministério da Educação. Secretaria de Educação Básica. Fundo Nacional de Desenvolvimento da Educação. *Pró-letramento:* programa de formação continuada de professores das séries iniciais do Ensino Fundamental. Brasília, 2006.

_____. Ministério da Educação. Secretaria de Educação Fundamental. *Parâmetros Curriculares Nacionais:* História e Geografia. Brasília, 1997.

_____. Ministério da Educação. Secretaria de Educação Fundamental. *Parâmetros Curriculares Nacionais:* temas transversais – apresentação – Ética, Pluralidade Cultural, Orientação Sexual. Brasília, 1997.

_____. Ministério da Educação. Secretaria de Educação Fundamental. *Referencial Curricular Nacional para a Educação Infantil.* Brasília, 1998.

BUSCH, A.; VILELA, C. *Um mundo de crianças.* São Paulo: Panda Books, 2007.

CALLAI, H. C. Aprendendo a ler o mundo: A Geografia nos anos iniciais do Ensino Fundamental. *Cad. Cedes*, Campinas, v. 25, n. 66, p. 227-247, maio/ago. 2005. Disponível em: <www.cedes.unicamp.br>.

CASTELLAR, S. M. V. (Org.). *Educação geográfica:* teorias e práticas docentes. São Paulo: Contexto, 2012.

_____; MORAES, J. V. *Ensino de Geografia.* São Paulo: Thompson, 2010.

CASTROGIOVANNI, A. C. et al. *Geografia em sala de aula:* práticas e reflexões. Porto Alegre: UFRGS/Associação dos Geógrafos Brasileiros, 2010.

_____. *Ensino da Geografia:* práticas e textualizações no cotidiano. Porto Alegre: Mediação, 2014.

CAVALCANTI, L. S. *Geografia, escola e construção de conhecimentos.* Campinas: Papirus, 2011.

FALLEIROS, I.; GUIMARÃES, M. N. *Os diferentes tempos e espaços do homem:* atividades de Geografia e de História para o Ensino Fundamental. São Paulo: Cortez, 2005.

IBGE. *Atlas geográfico escolar.* 6. ed. Rio de Janeiro, 2012.

KINDERSLEY, B.; KINDERSLEY, A. *Crianças como você:* uma emocionante celebração da infância no mundo. 8. ed. São Paulo: Ática, 2009.

LOPES, J. J. M. Geografia da infância: contribuições aos estudos das crianças e suas infâncias. *Revista de Educação Pública (UFMT)*, v. 22, p. 283-294, 2013.

MARTINELLI, M. *Mapas da Geografia e Cartografia temática.* São Paulo: Contexto, 2010.

PONTUSCHKA, N. N.; PAGANELLI, T. I.; CACETE, N. H. *Para ensinar e aprender Geografia.* São Paulo: Cortez, 2007.

SIMIELLI, M. E. R. O mapa como meio de comunicação e alfabetização cartográfica. In: ALMEIDA, R. D. de (Org.). *Cartografia escolar.* São Paulo: Contexto, 2010. v. 2. p. 71-94.

_____. *Primeiros mapas:* como entender e construir. São Paulo: Ática, 2010. 4 v.

SMITH, P.; SHALEV, Z. *Escolas como a sua:* um passeio pelas escolas ao redor do mundo. São Paulo: Ática, 2008.

STRAFORINI, R. *Ensinar Geografia:* o desafio da totalidade-mundo nas séries iniciais. São Paulo: Annablume, 2008.

UNESCO. *Educação:* um tesouro a descobrir. São Paulo: Cortez; Brasília: Unesco, 1998.

VYGOTSKY, L. S. *Pensamento e linguagem.* São Paulo: Martins Fontes, 2003.

Projeto LUMIRÁ

Ciências 5

Miniatlas
Corpo humano

Parte integrante do **Projeto Lumirá Ciências** – 5º ano. Venda e reprodução proibidas. Editora Ática.

Editora ática

editora ática

Diretoria editorial
Lidiane Vivaldini Olo

Gerência editorial
Luiz Tonolli

Editora responsável
Heloisa Pimentel

Coordenação da edição
Isabel Rebelo Roque

Edição
Daniella Drusian Gomes

Gerência de produção editorial
Ricardo de Gan Braga

Arte
Andréa Dellamagna (coord. de criação),
Talita Guedes (progr. visual de capa e miolo),
André Gomes Vitale (coord.),
Mauro Roberto Fernandes (edição e diagram.)

Revisão
Hélia de Jesus Gonsaga (ger.), Rosângela Muricy (coord.),
Ana Curci, Gabriela Macedo de Andrade,
Patrícia Travanca e Paula Teixeira de Jesus
Brenda Morais e Gabriela Miragaia (estagiárias)

Iconografia
Sílvio Kligin (superv.),
Denise Durand Kremer (coord.), Angelita Cardoso (pesquisa)
Cesar Wolf e Fernanda Crevin (tratamento de imagem)

Ilustrações
Estúdio Icarus CII – Criação de Imagem (frontispício) e
Osni de Oliveira

Direitos desta edição cedidos à Editora Ática S.A.
Avenida das Nações Unidas, 7221, 3º andar, Setor A
Pinheiros – São Paulo – SP – CEP 05425-902
Tel.: 4003-3061
www.atica.com.br / editora@atica.com.br

Dados Internacionais de Catalogação na Publicação (CIP)
(Câmara Brasileira do Livro, SP, Brasil)

Projeto Lumirá : ciências : 2º ao 5º ano / obra coletiva concebida pela Editora Ática ; editora responsável Heloisa Pimentel. – 2. ed. – São Paulo : Ática, 2016. – (Projeto Lumirá : ciências)

1. Ciências (Ensino fundamental) I. Pimentel, Heloisa. II. Série.

16-01516   CDD-372.35

Índices para catálogo sistemático:
1. Ciências : Ensino fundamental 372.35

2017
ISBN 978 85 08 17872 8 (AL)
ISBN 978 85 08 17873 5 (PR)

Cód. da obra CL 739147

CAE 565 907 (AL) / 565 908 (PR)

2ª edição
2ª impressão

Impressão e acabamento
EGB Editora Gráfica Bernardi Ltda.

MINIATLAS

Ao longo dos seus anos de estudo, você aprendeu bastante sobre a estrutura e o funcionamento do corpo humano.

Neste **Miniatlas – Corpo humano** você vai encontrar mais informações e curiosidades sobre os sistemas do corpo para que compreenda melhor como ele funciona e o que acontece dentro dele, facilitando os cuidados com sua saúde.

Esperamos que você aprenda e divirta-se!

SUMÁRIO

6 SISTEMA ESQUELÉTICO

8 SISTEMA MUSCULAR

10 SISTEMA NERVOSO

12 SISTEMA CARDIOVASCULAR

14 SISTEMA LINFÁTICO

Ilustrações: Banco de imagens/Arquivo da editora

- SISTEMA TEGUMENTAR — 15
- SISTEMA DIGESTÓRIO — 16
- SISTEMA RESPIRATÓRIO — 18
- SISTEMA URINÁRIO — 20
- SISTEMA GENITAL — 22

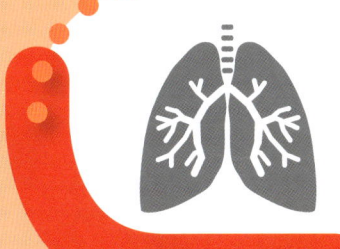

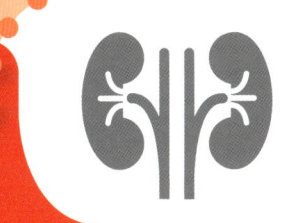

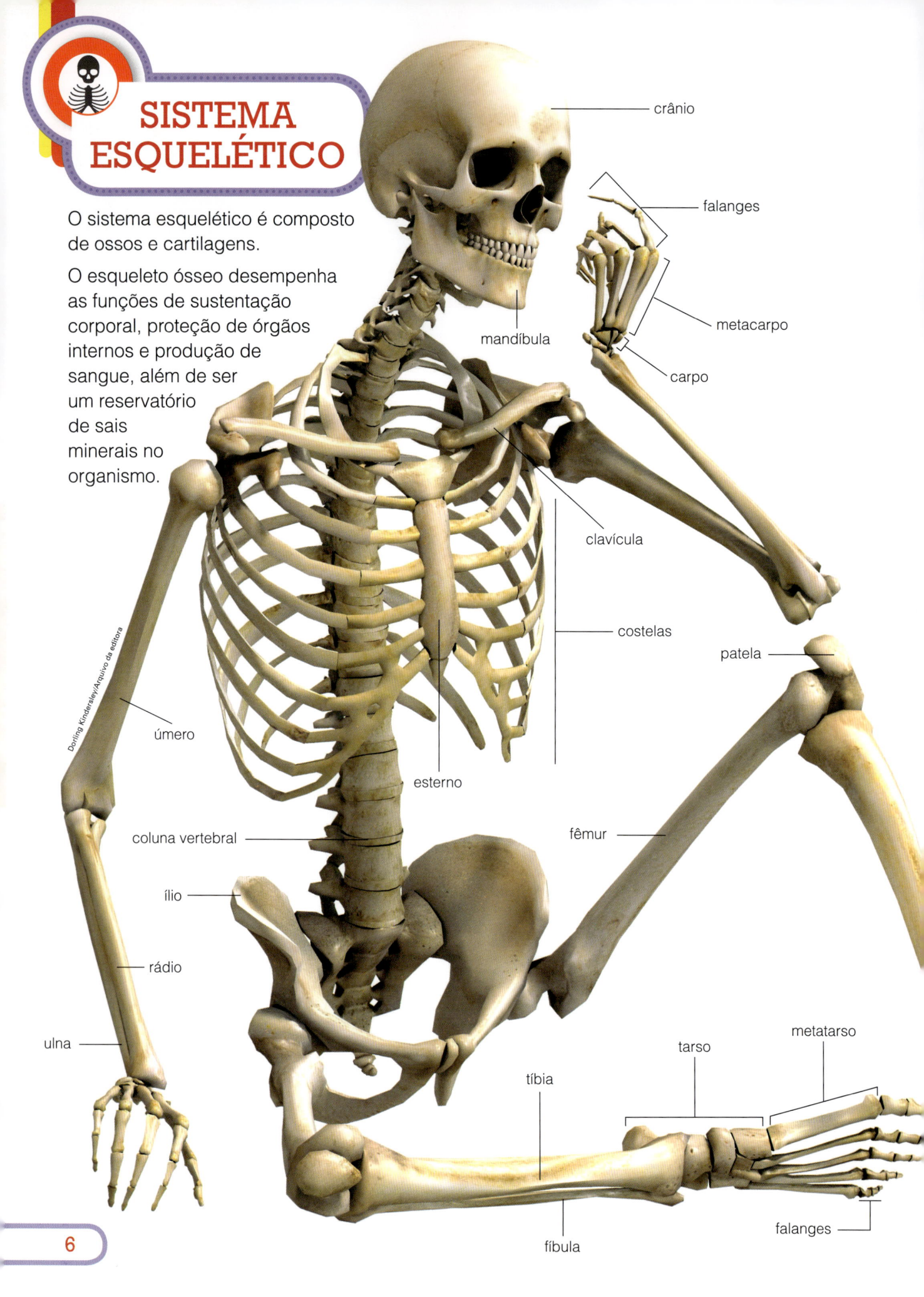

SISTEMA ESQUELÉTICO

O sistema esquelético é composto de ossos e cartilagens.

O esqueleto ósseo desempenha as funções de sustentação corporal, proteção de órgãos internos e produção de sangue, além de ser um reservatório de sais minerais no organismo.

- crânio
- falanges
- metacarpo
- mandíbula
- carpo
- clavícula
- costelas
- patela
- úmero
- esterno
- fêmur
- coluna vertebral
- ílio
- rádio
- tarso
- metatarso
- ulna
- tíbia
- fíbula
- falanges

ARTICULAÇÕES

As extremidades ósseas são recobertas por cartilagens e unidas por ligamentos.

As junções entre dois ossos são chamadas de articulações. Elas podem ser fixas (sem movimento), como as do crânio; semimóveis, como as existentes entre as vértebras da coluna; ou móveis (com movimento), como as do joelho, do braço e do cotovelo.

cartilagens

ligamento

MEDULA ÓSSEA

A medula óssea é um tecido gelatinoso que ocupa o interior dos ossos. Nela são produzidas as células que compõem o sangue: plaquetas, glóbulos vermelhos e glóbulos brancos.

Quando nascemos, a medula óssea é vermelha e está presente em quase todos os ossos. Com o passar do tempo, grande parte dela é substituída por um tecido gorduroso e passa a receber o nome de medula amarela.

Imagens: Shutterstock/Glow Images

medula óssea vermelha

glóbulos vermelhos

glóbulos brancos

plaquetas

SISTEMA MUSCULAR

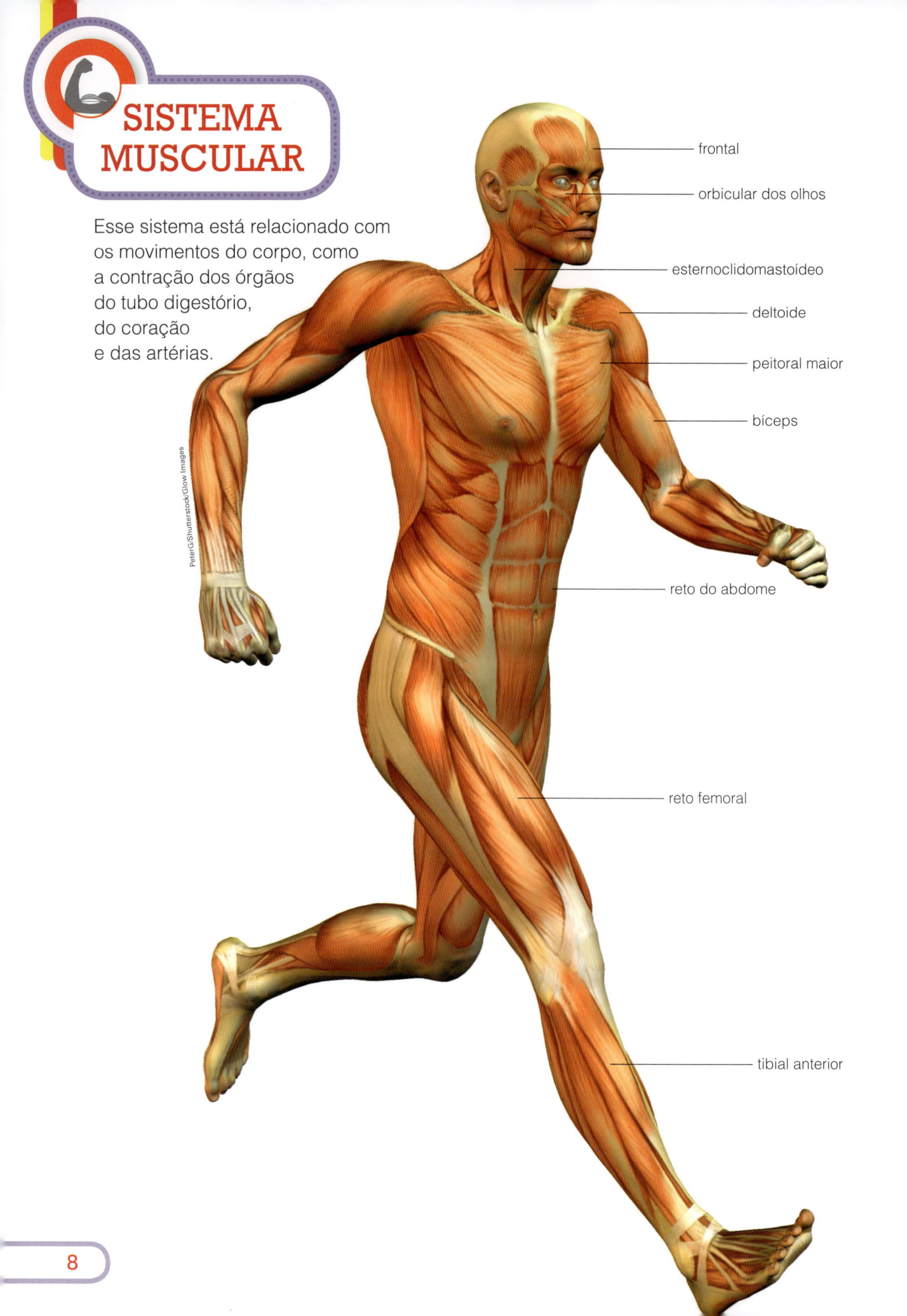

Esse sistema está relacionado com os movimentos do corpo, como a contração dos órgãos do tubo digestório, do coração e das artérias.

- frontal
- orbicular dos olhos
- esternoclidomastoídeo
- deltoide
- peitoral maior
- bíceps
- reto do abdome
- reto femoral
- tibial anterior

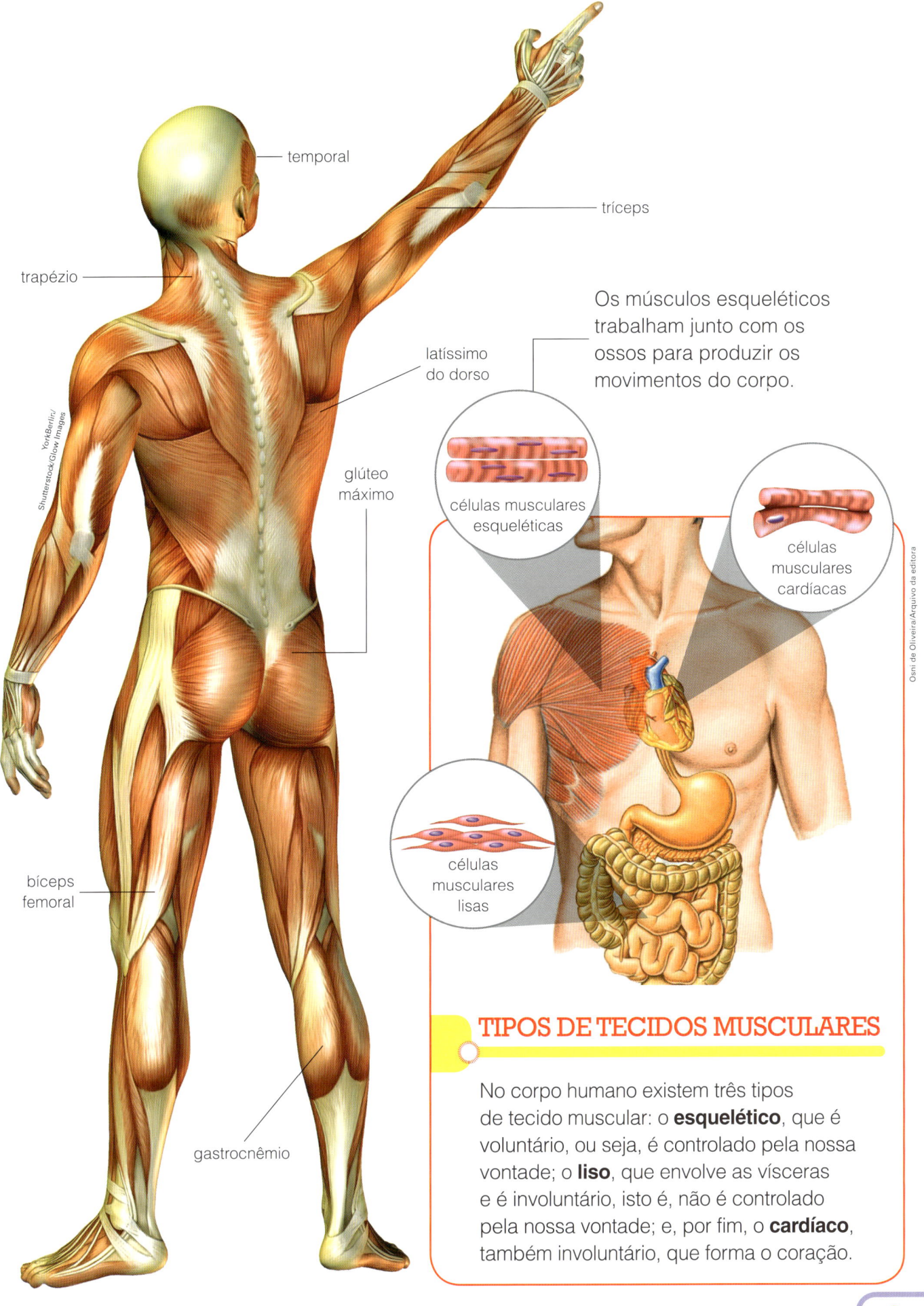

- temporal
- trapézio
- tríceps
- latíssimo do dorso
- glúteo máximo
- bíceps femoral
- gastrocnêmio

Os músculos esqueléticos trabalham junto com os ossos para produzir os movimentos do corpo.

células musculares esqueléticas

células musculares cardíacas

células musculares lisas

TIPOS DE TECIDOS MUSCULARES

No corpo humano existem três tipos de tecido muscular: o **esquelético**, que é voluntário, ou seja, é controlado pela nossa vontade; o **liso**, que envolve as vísceras e é involuntário, isto é, não é controlado pela nossa vontade; e, por fim, o **cardíaco**, também involuntário, que forma o coração.

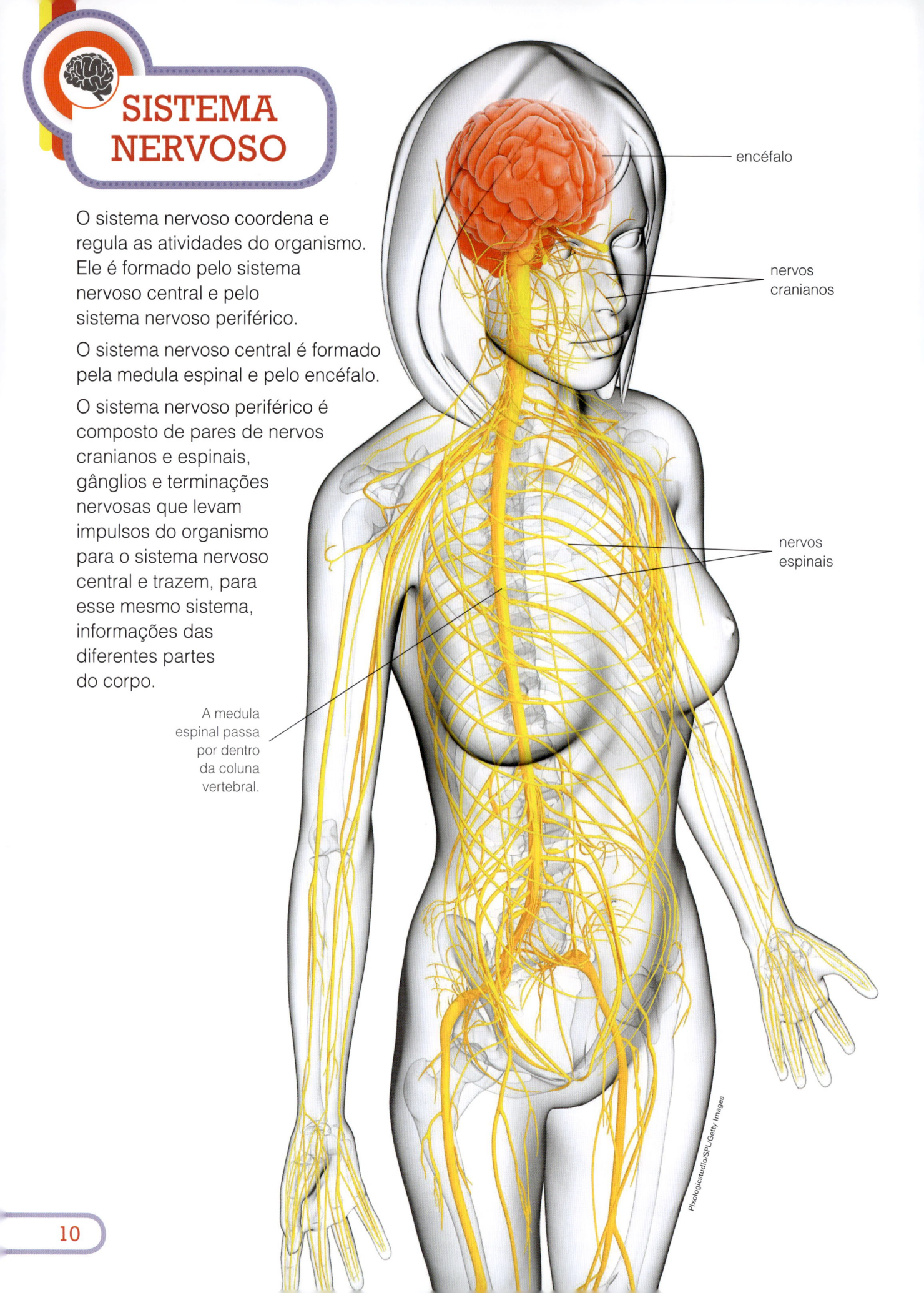

SISTEMA NERVOSO

O sistema nervoso coordena e regula as atividades do organismo. Ele é formado pelo sistema nervoso central e pelo sistema nervoso periférico.

O sistema nervoso central é formado pela medula espinal e pelo encéfalo.

O sistema nervoso periférico é composto de pares de nervos cranianos e espinais, gânglios e terminações nervosas que levam impulsos do organismo para o sistema nervoso central e trazem, para esse mesmo sistema, informações das diferentes partes do corpo.

A medula espinal passa por dentro da coluna vertebral.

encéfalo

nervos cranianos

nervos espinais

O ENCÉFALO

O encéfalo está dentro da caixa craniana e é composto, entre outras estruturas, de cérebro, cerebelo e tronco encefálico.

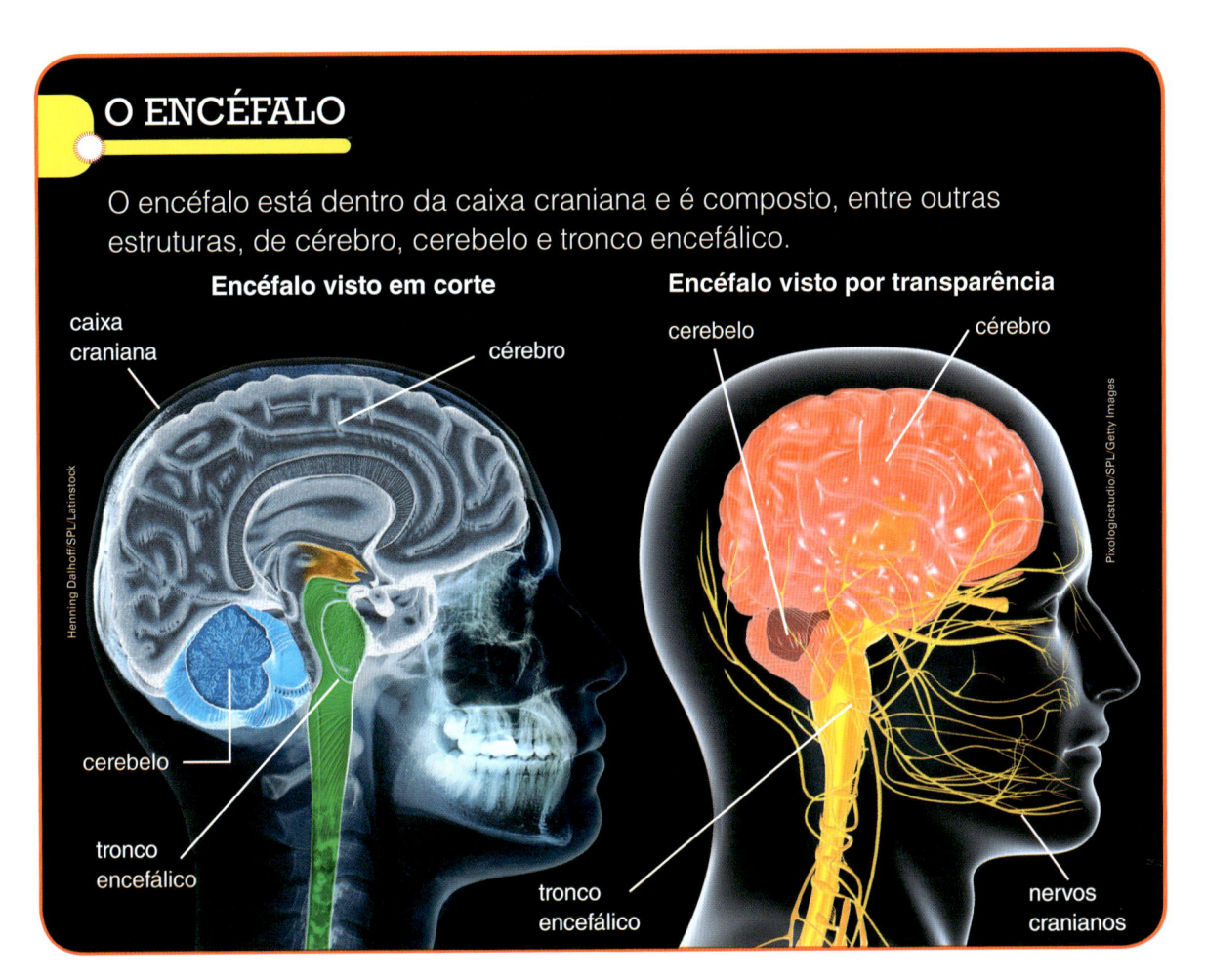

Encéfalo visto em corte

- caixa craniana
- cérebro
- cerebelo
- tronco encefálico

Encéfalo visto por transparência

- cerebelo
- cérebro
- tronco encefálico
- nervos cranianos

O NEURÔNIO

O neurônio é a unidade básica do funcionamento do sistema nervoso. É uma célula que transmite impulsos elétricos, comunicando-se com outros neurônios e outras células.

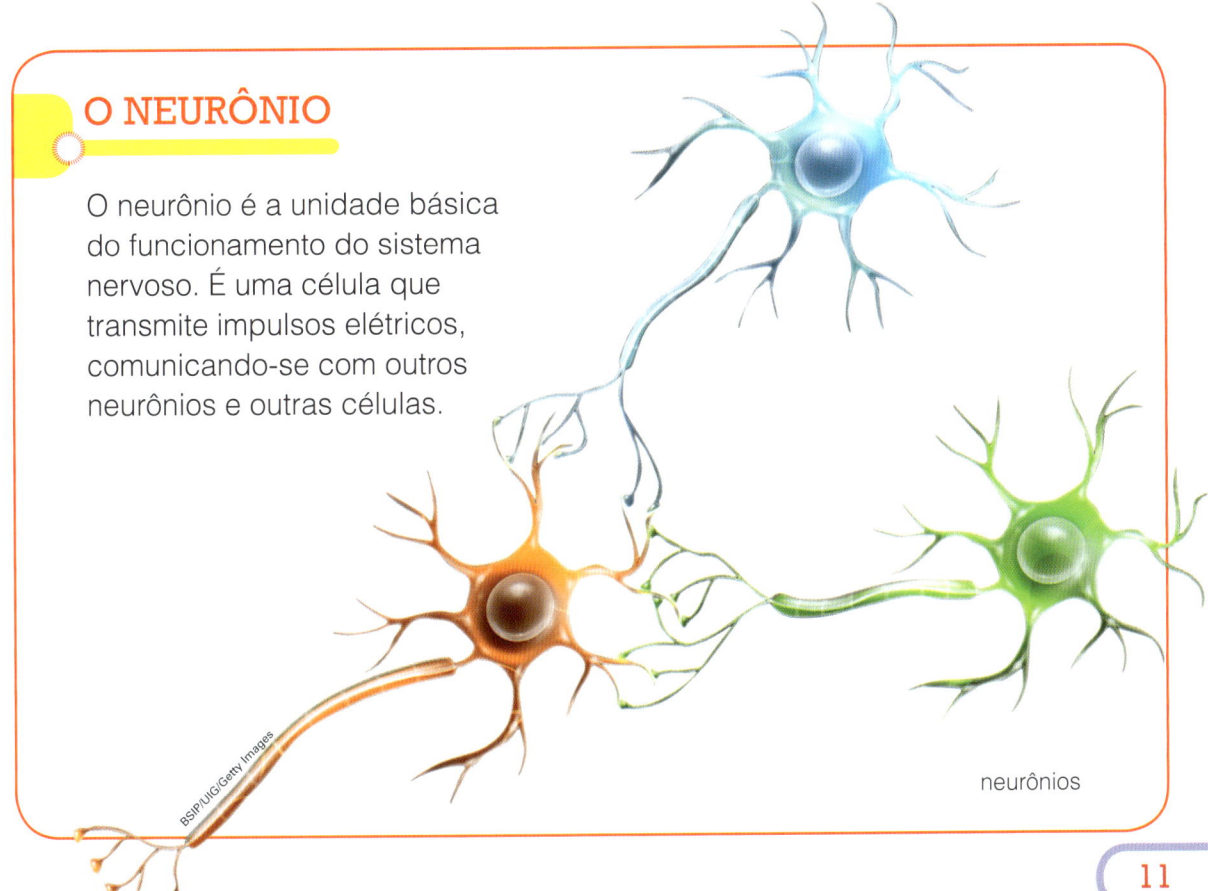

neurônios

11

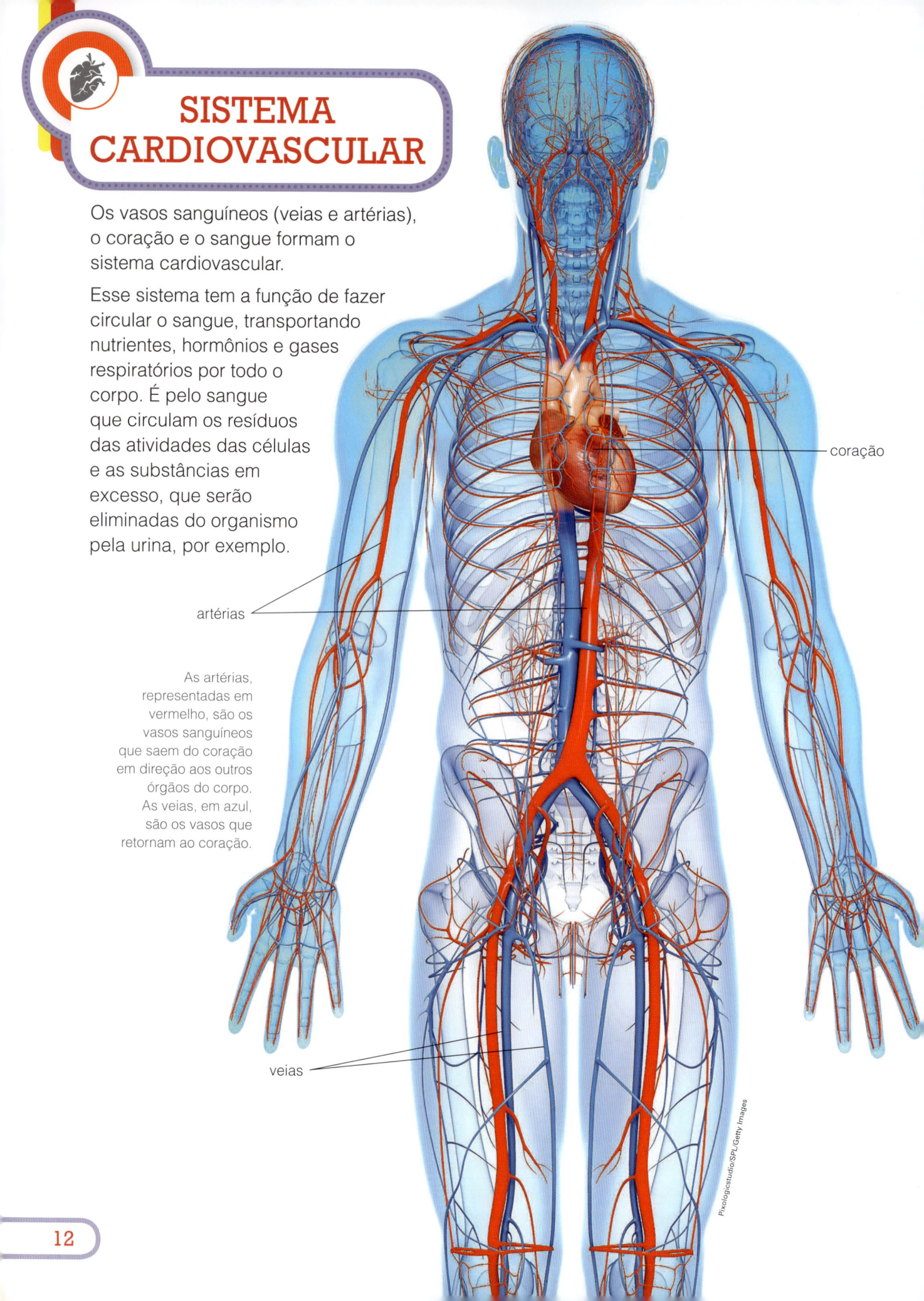

SISTEMA CARDIOVASCULAR

Os vasos sanguíneos (veias e artérias), o coração e o sangue formam o sistema cardiovascular.

Esse sistema tem a função de fazer circular o sangue, transportando nutrientes, hormônios e gases respiratórios por todo o corpo. É pelo sangue que circulam os resíduos das atividades das células e as substâncias em excesso, que serão eliminadas do organismo pela urina, por exemplo.

artérias

As artérias, representadas em vermelho, são os vasos sanguíneos que saem do coração em direção aos outros órgãos do corpo. As veias, em azul, são os vasos que retornam ao coração.

coração

veias

Pixologicstudio/SPL/Getty Images

12

O CORAÇÃO

O órgão que bombeia o sangue por todo o organismo é o coração. Para fazer isso, ele precisa bater mais de 100 mil vezes por dia. O coração humano tem quatro compartimentos. Dois deles bombeiam o sangue para o corpo, e os outros dois recebem o sangue de volta.

veia cava superior
aorta
átrio esquerdo
átrio direito
ventrículo esquerdo
ventrículo direito
veia cava inferior

plaquetas
glóbulo vermelho
glóbulo branco

Os vasos sanguíneos se ramificam, vão ficando cada vez mais finos e formam os **capilares sanguíneos**, que chegam a todas as partes do corpo.

O SANGUE E SEUS COMPONENTES

O plasma é um líquido amarelado, formado de água, proteínas e nutrientes. Cerca de metade do volume de sangue do nosso corpo é composta de plasma. A parte restante é formada por três tipos de células: glóbulos brancos, glóbulos vermelhos e plaquetas.

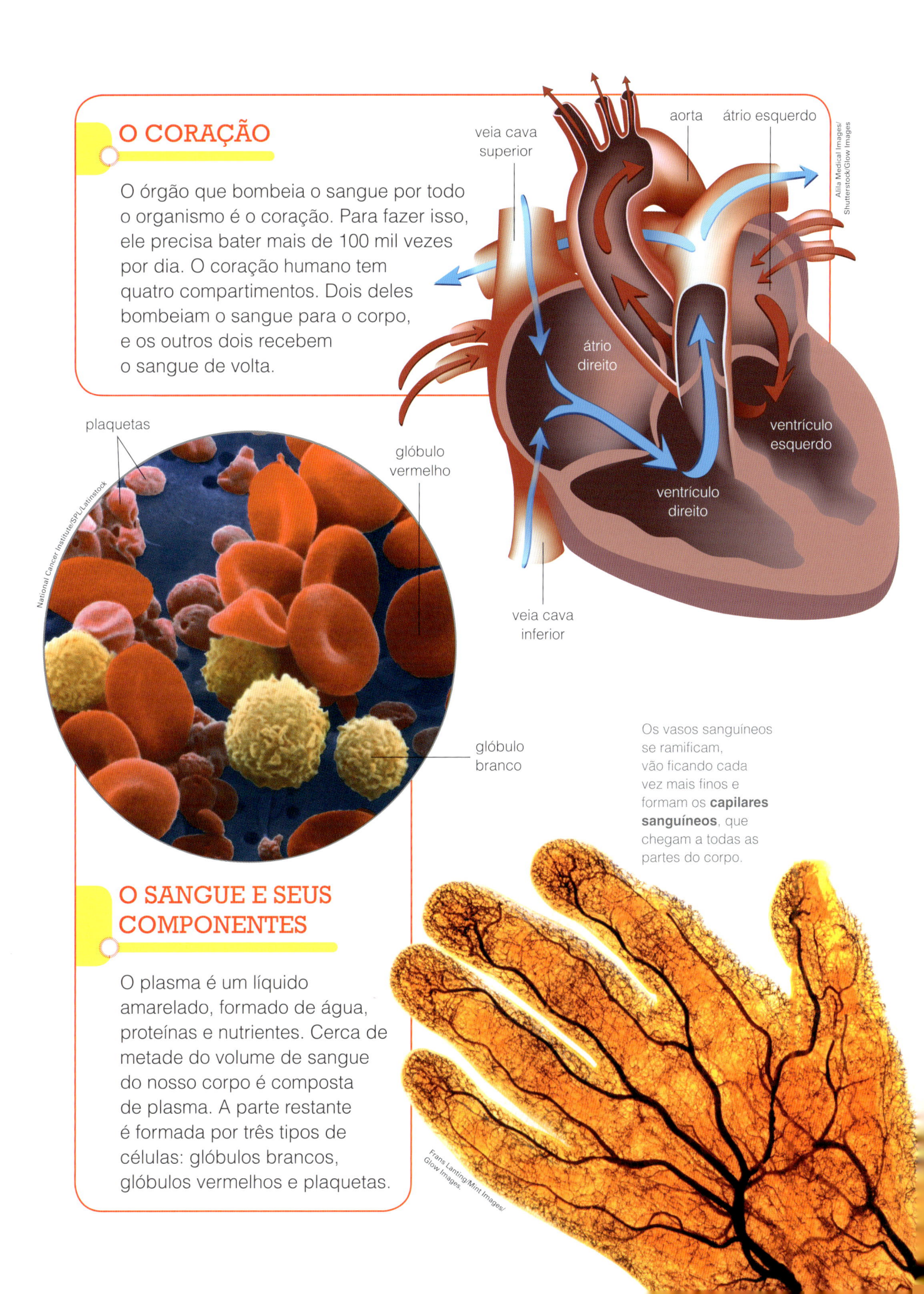

SISTEMA LINFÁTICO

O **sistema linfático** é parte importante do sistema imunitário.

É formado por uma série de vasos linfáticos que vão se ramificando cada vez mais até chegarem aos espaços entre as células, onde é recolhido um líquido chamado linfa. Os nódulos de linfa, ou linfonodos, também fazem parte do nosso **sistema imune** e atuam como filtros da linfa.

SISTEMA IMUNITÁRIO

É o sistema que protege nosso organismo contra os agentes causadores de doenças infecciosas e certas toxinas. Os glóbulos brancos são células sanguíneas especializadas na defesa do organismo.

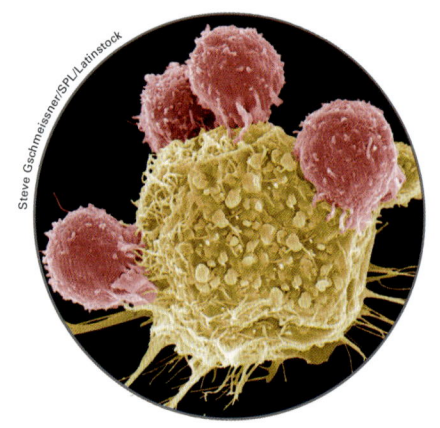

Célula cancerosa sendo atacada por quatro linfócitos (um dos tipos de glóbulo branco). Para melhor visualização, as células foram coloridas artificialmente.

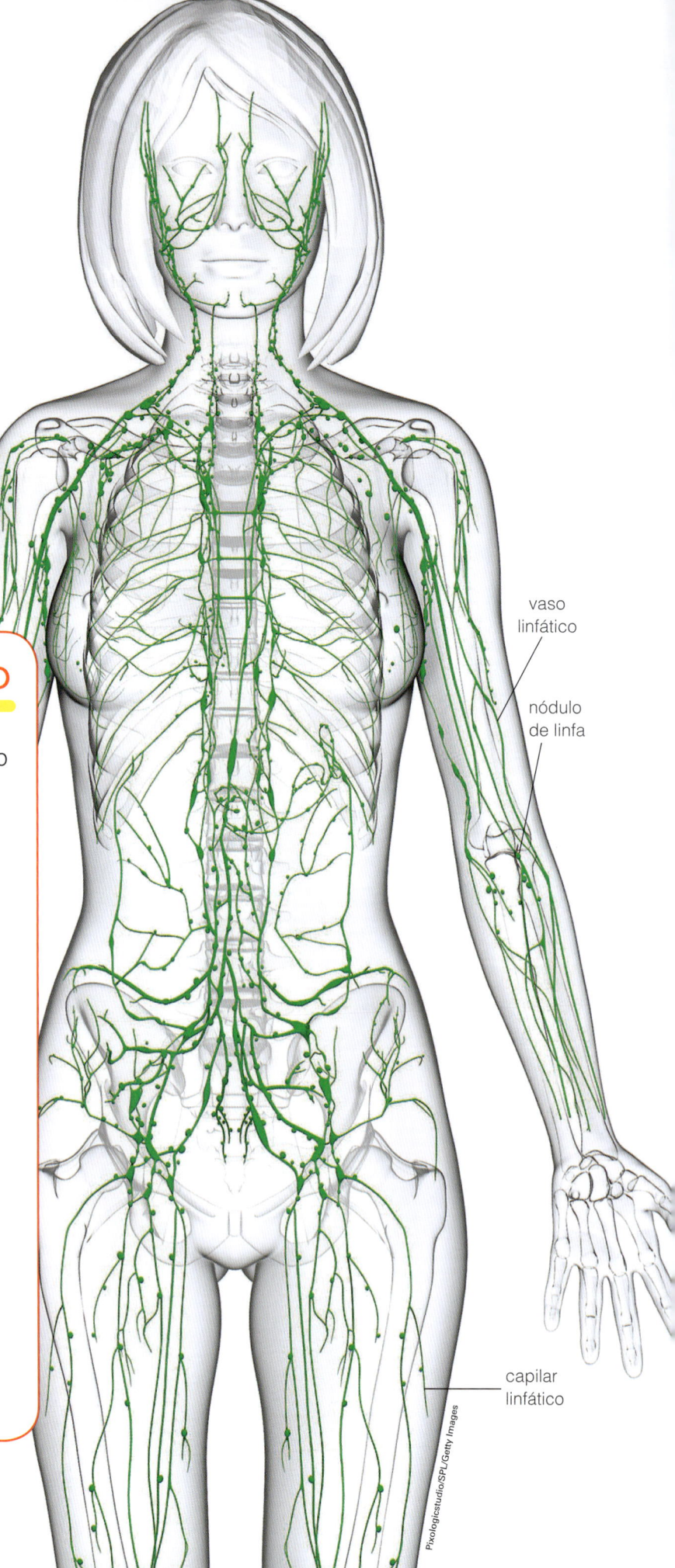

vaso linfático

nódulo de linfa

capilar linfático

SISTEMA TEGUMENTAR

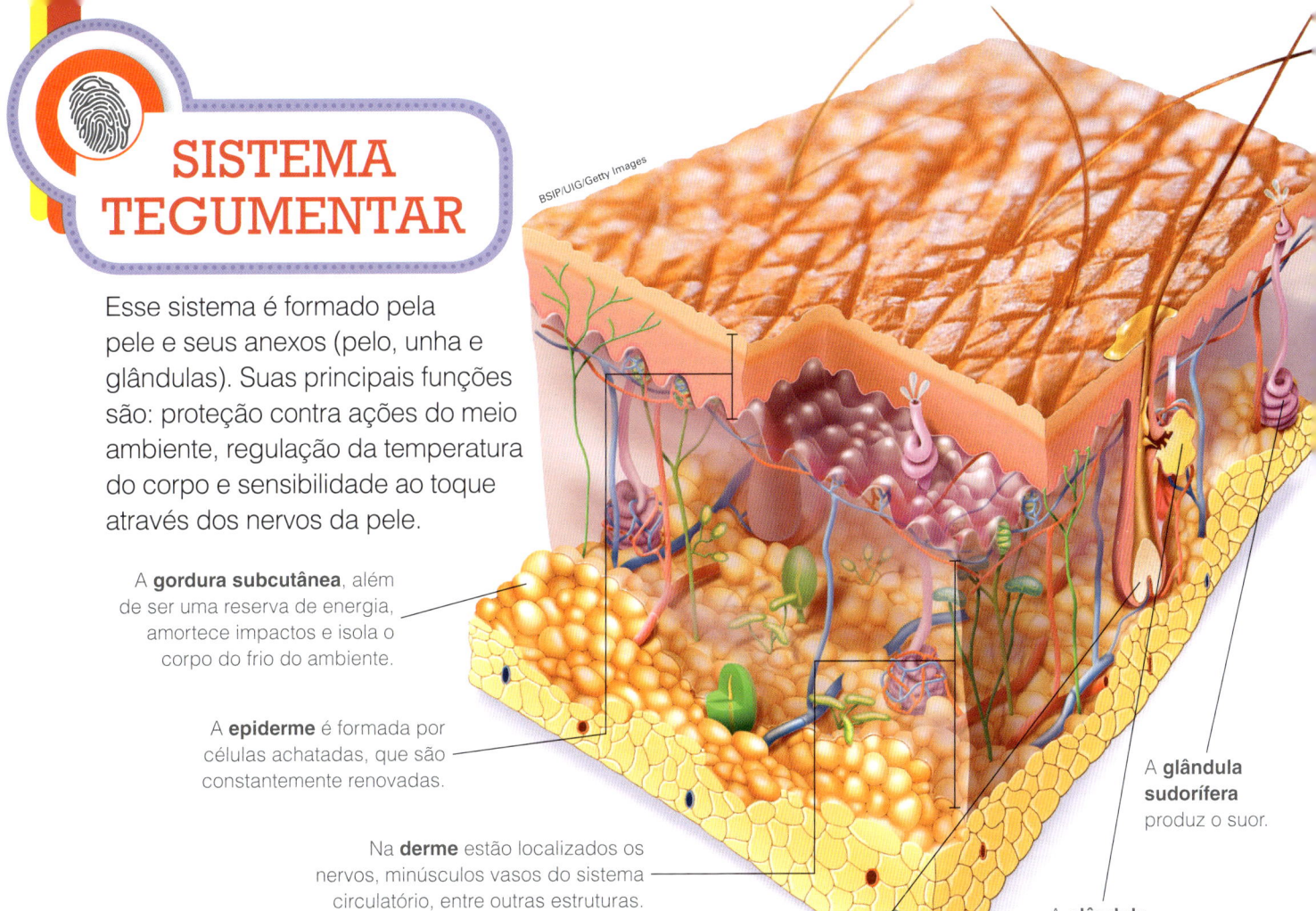

Esse sistema é formado pela pele e seus anexos (pelo, unha e glândulas). Suas principais funções são: proteção contra ações do meio ambiente, regulação da temperatura do corpo e sensibilidade ao toque através dos nervos da pele.

A **gordura subcutânea**, além de ser uma reserva de energia, amortece impactos e isola o corpo do frio do ambiente.

A **epiderme** é formada por células achatadas, que são constantemente renovadas.

Na **derme** estão localizados os nervos, minúsculos vasos do sistema circulatório, entre outras estruturas.

Os **pelos** estão sempre associados a um músculo (em vermelho) e às glândulas sebáceas (em amarelo).

A **glândula sudorífera** produz o suor.

A **glândula sebácea** produz óleos.

ACNE

Uma das causas da acne é o acúmulo de sebo produzido pelas glândulas sebáceas. Bactérias se proliferam no sebo, causando inflamação.

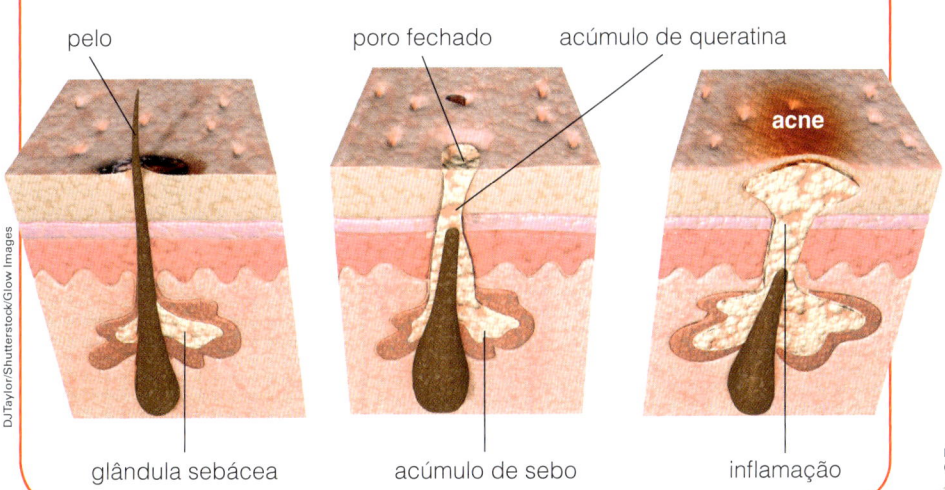

pelo — glândula sebácea

poro fechado — acúmulo de queratina — acúmulo de sebo

acne — inflamação

As **impressões digitais** são formadas por minúsculas ondulações na pele. O desenho formado é sempre diferente de uma pessoa para outra. Por isso, são usadas para identificar pessoas em documentos.

15

SISTEMA DIGESTÓRIO

O sistema digestório é um longo tubo musculoso percorrido pelo alimento durante a digestão. Também fazem parte desse sistema um conjunto de órgãos e glândulas que transformam os alimentos por meio de processos físicos e químicos.

ALGUNS ANEXOS DO SISTEMA DIGESTÓRIO

Os **dentes** cortam e trituram os alimentos.

As **glândulas salivares** liberam saliva, que inicia a digestão química.

O **fígado** é um órgão com diversas funções, como armazenamento e liberação de glicose, emulsificação da gordura pela da secreção da bile.

O **pâncreas** (localizado atrás do estômago) produz suco digestivo que digere carboidratos, proteínas e gorduras.

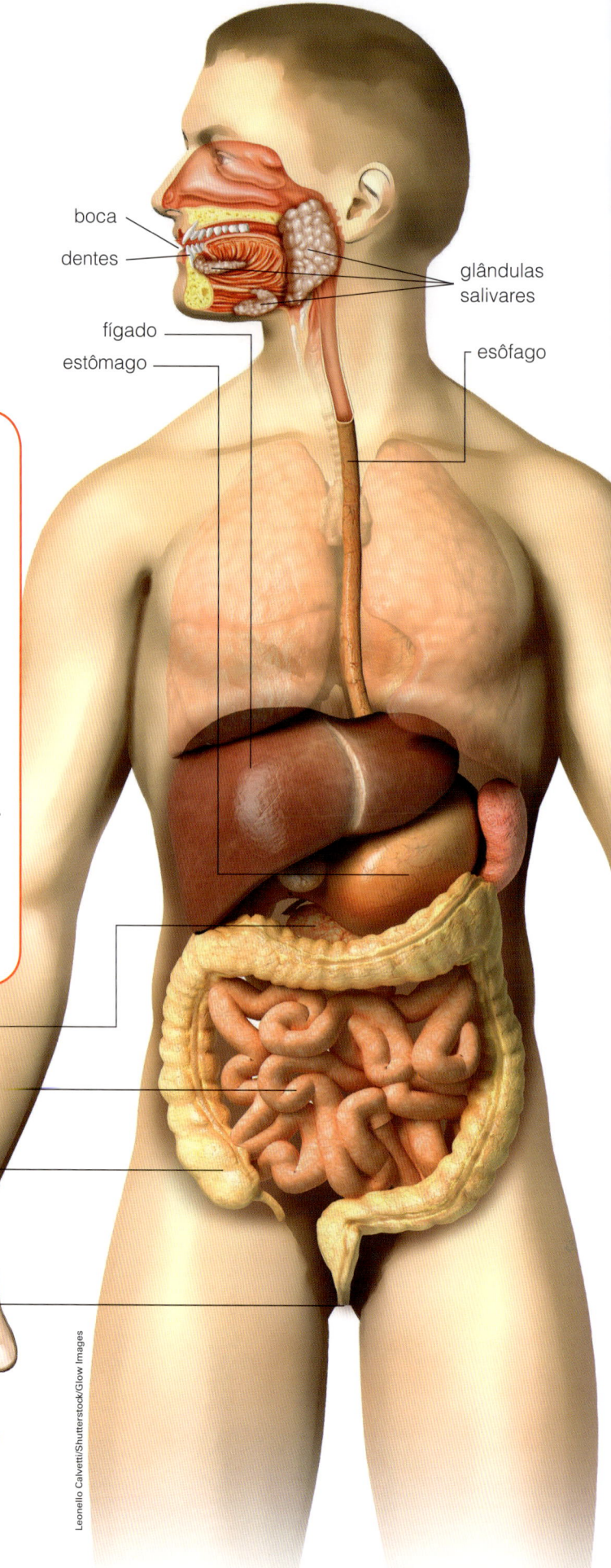

- boca
- dentes
- glândulas salivares
- fígado
- estômago
- esôfago
- pâncreas
- intestino delgado
- intestino grosso
- ânus

Leonello Calvetti/Shutterstock/Glow Images

esôfago

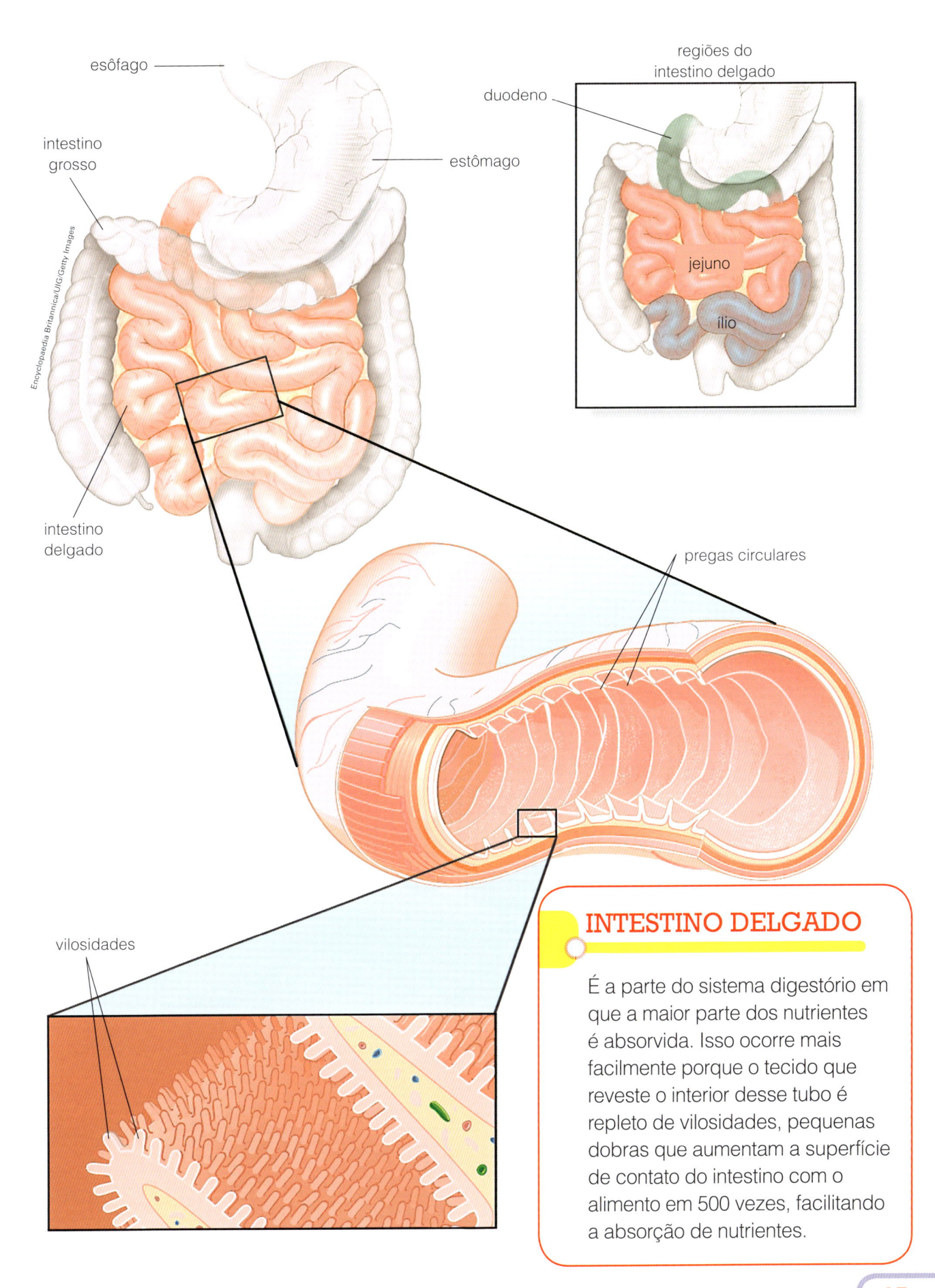

intestino grosso

estômago

intestino delgado

Encyclopaedia Britannica/UIG/Getty Images

regiões do intestino delgado

duodeno

jejuno

íleo

pregas circulares

vilosidades

INTESTINO DELGADO

É a parte do sistema digestório em que a maior parte dos nutrientes é absorvida. Isso ocorre mais facilmente porque o tecido que reveste o interior desse tubo é repleto de vilosidades, pequenas dobras que aumentam a superfície de contato do intestino com o alimento em 500 vezes, facilitando a absorção de nutrientes.

SISTEMA RESPIRATÓRIO

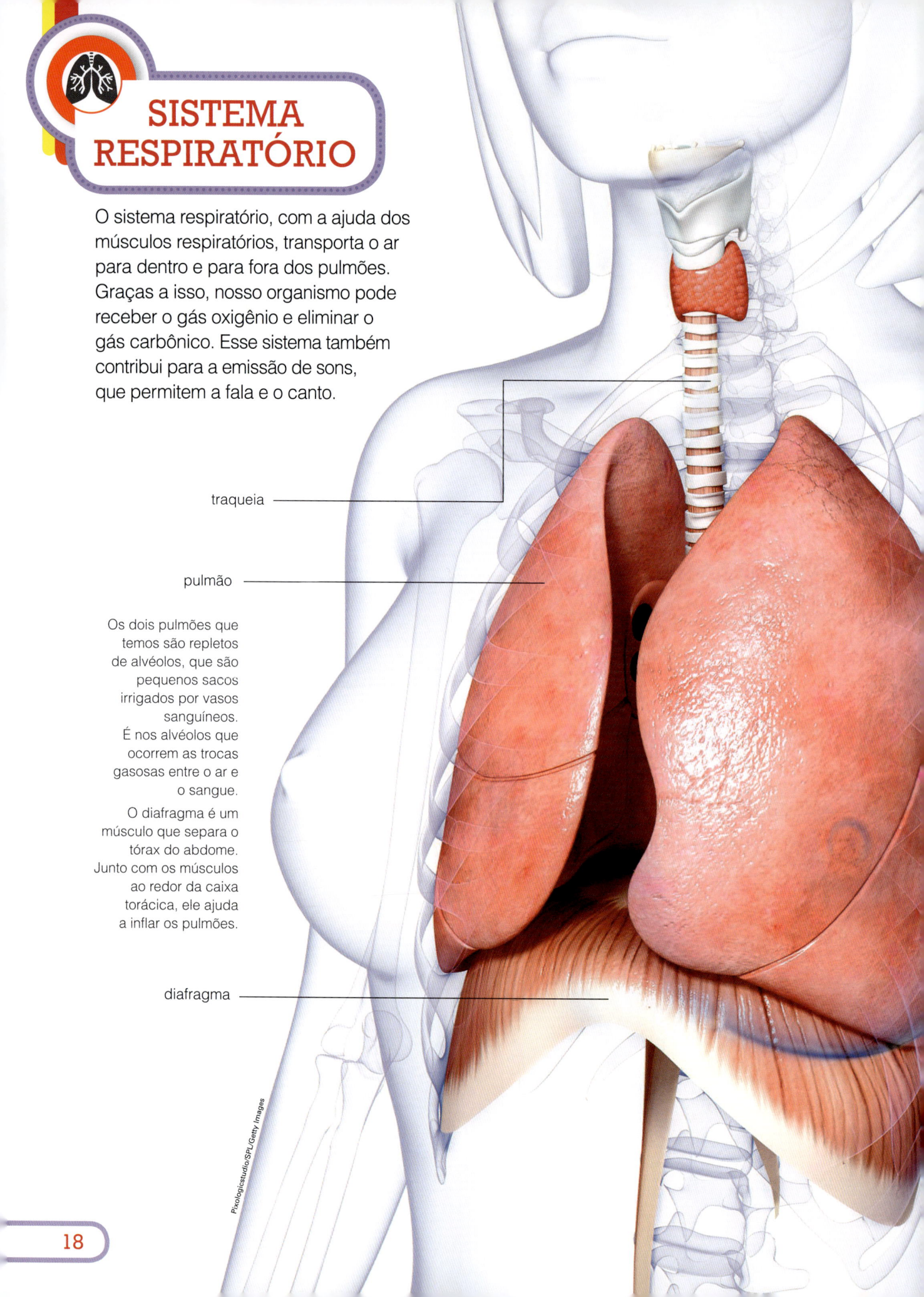

O sistema respiratório, com a ajuda dos músculos respiratórios, transporta o ar para dentro e para fora dos pulmões. Graças a isso, nosso organismo pode receber o gás oxigênio e eliminar o gás carbônico. Esse sistema também contribui para a emissão de sons, que permitem a fala e o canto.

traqueia

pulmão

Os dois pulmões que temos são repletos de alvéolos, que são pequenos sacos irrigados por vasos sanguíneos. É nos alvéolos que ocorrem as trocas gasosas entre o ar e o sangue.

O diafragma é um músculo que separa o tórax do abdome. Junto com os músculos ao redor da caixa torácica, ele ajuda a inflar os pulmões.

diafragma

Pixologicstudio/SPL/Getty Images

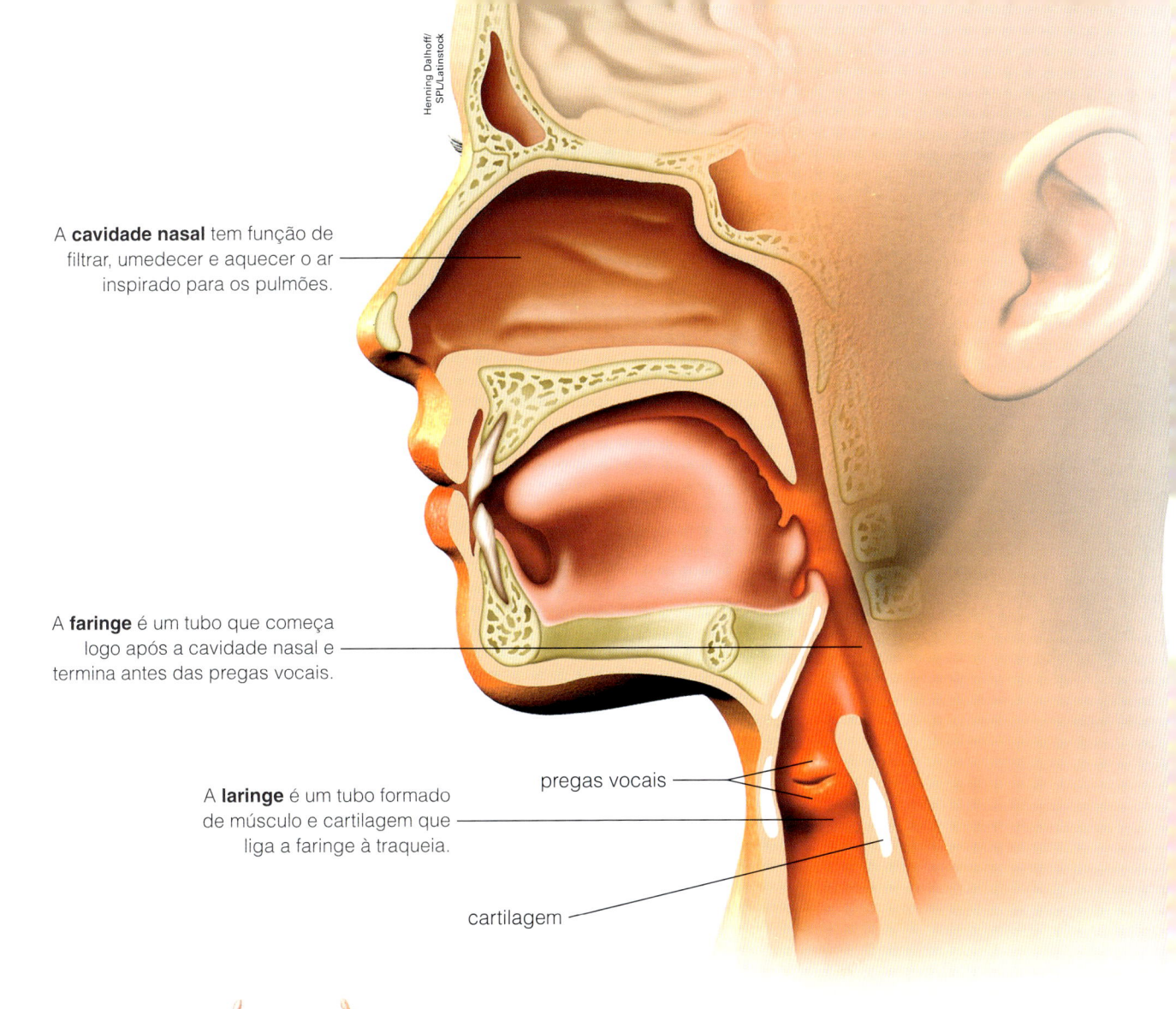

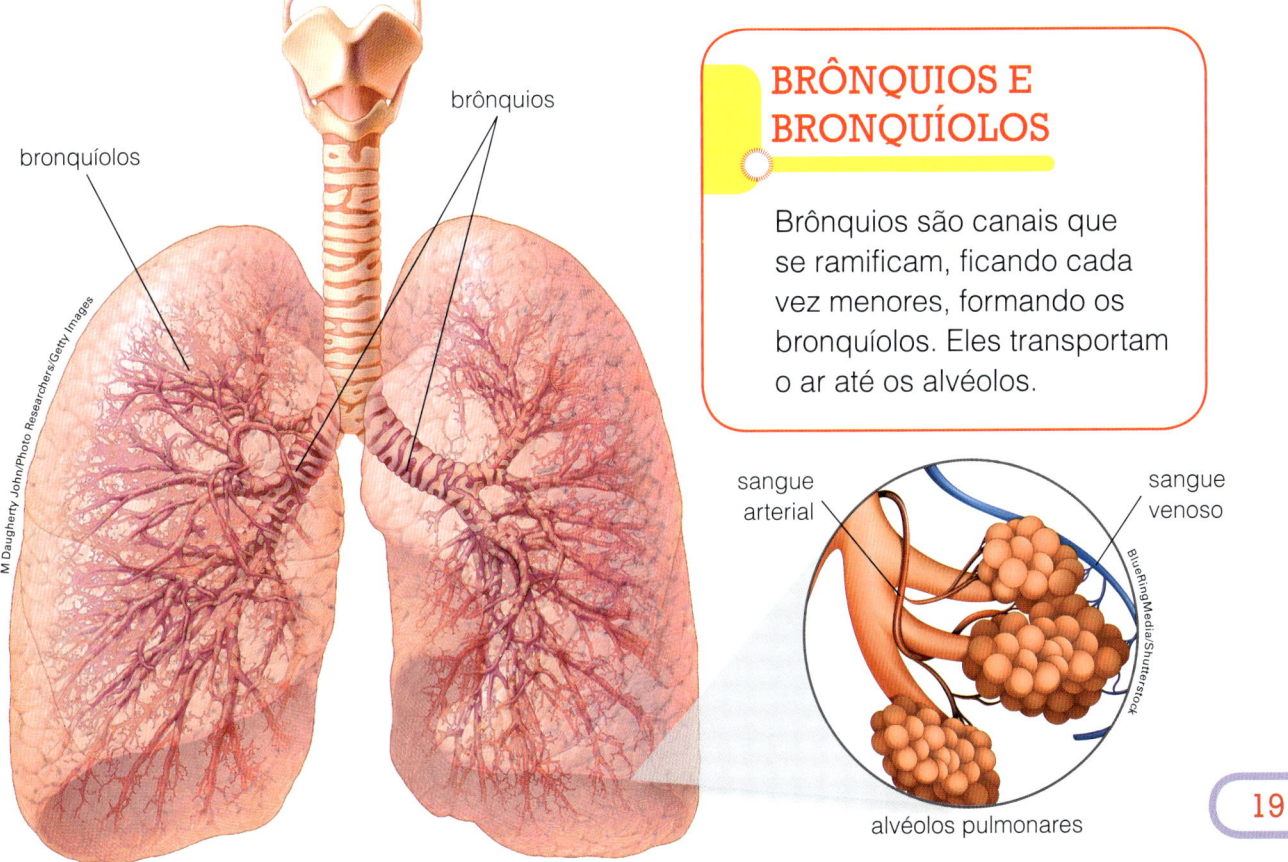

A **cavidade nasal** tem função de filtrar, umedecer e aquecer o ar inspirado para os pulmões.

A **faringe** é um tubo que começa logo após a cavidade nasal e termina antes das pregas vocais.

A **laringe** é um tubo formado de músculo e cartilagem que liga a faringe à traqueia.

pregas vocais

cartilagem

bronquíolos

brônquios

BRÔNQUIOS E BRONQUÍOLOS

Brônquios são canais que se ramificam, ficando cada vez menores, formando os bronquíolos. Eles transportam o ar até os alvéolos.

sangue arterial

sangue venoso

alvéolos pulmonares

19

SISTEMA URINÁRIO

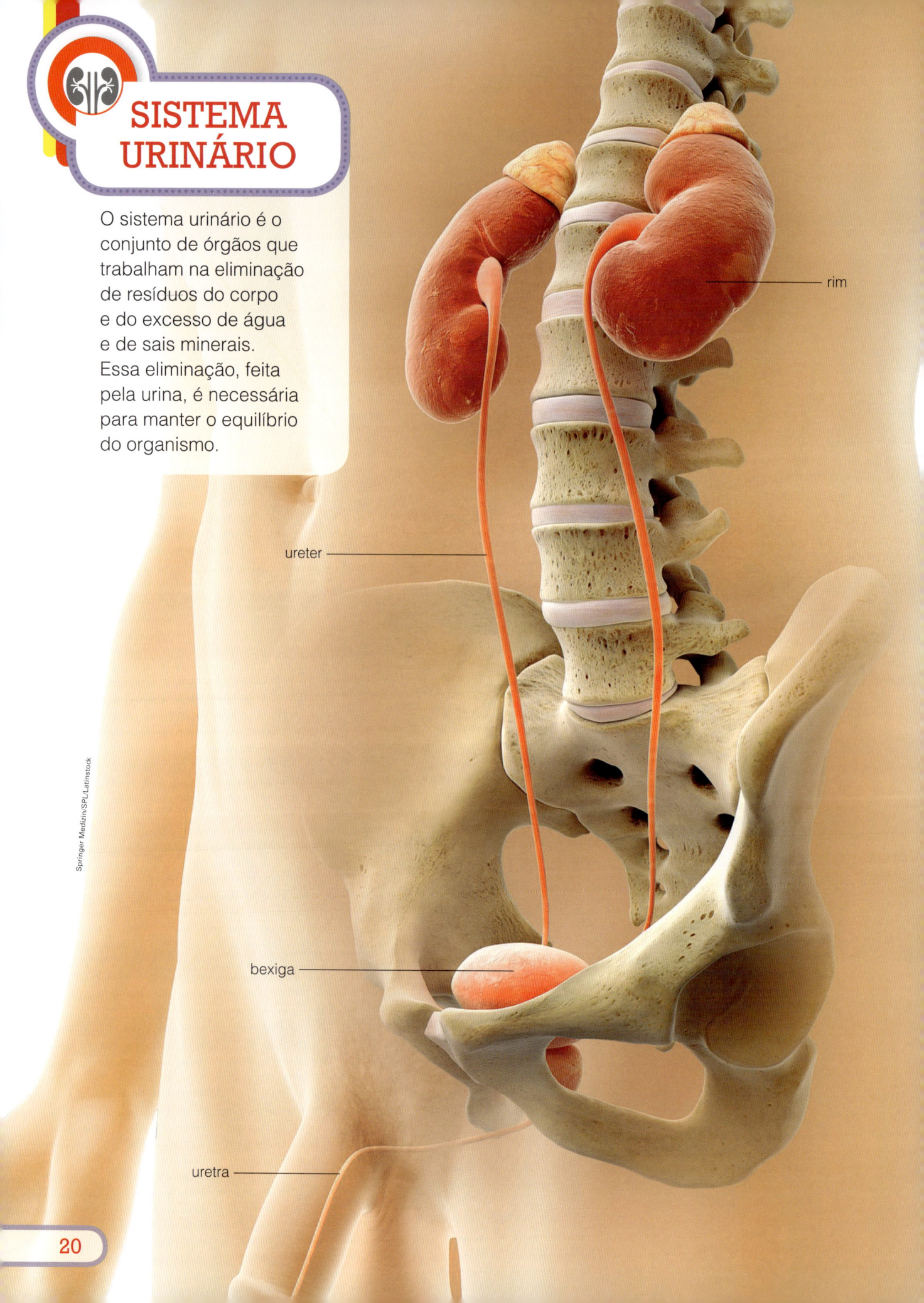

O sistema urinário é o conjunto de órgãos que trabalham na eliminação de resíduos do corpo e do excesso de água e de sais minerais. Essa eliminação, feita pela urina, é necessária para manter o equilíbrio do organismo.

rim

ureter

bexiga

uretra

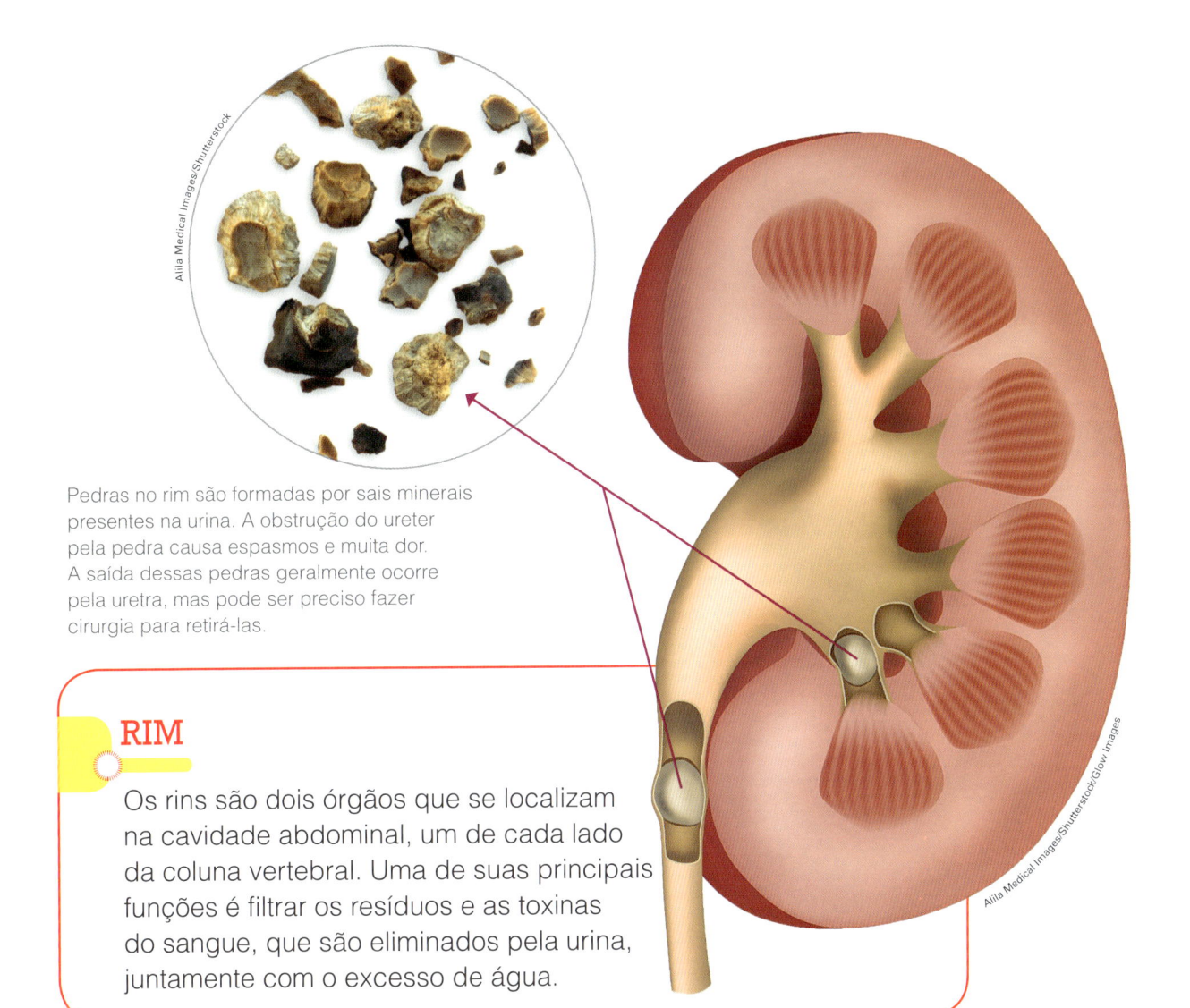

Pedras no rim são formadas por sais minerais presentes na urina. A obstrução do ureter pela pedra causa espasmos e muita dor. A saída dessas pedras geralmente ocorre pela uretra, mas pode ser preciso fazer cirurgia para retirá-las.

RIM

Os rins são dois órgãos que se localizam na cavidade abdominal, um de cada lado da coluna vertebral. Uma de suas principais funções é filtrar os resíduos e as toxinas do sangue, que são eliminados pela urina, juntamente com o excesso de água.

BEXIGA

A bexiga é um órgão oco de musculatura elástica. Ela fica na parte inferior do abdome.

Sua função é acumular a urina produzida nos rins. A urina chega à bexiga por dois ureteres e é eliminada através de um tubo chamado de uretra.

Nas mulheres, a uretra termina em um orifício próximo da vagina. Nos homens, a uretra passa por dentro do pênis.

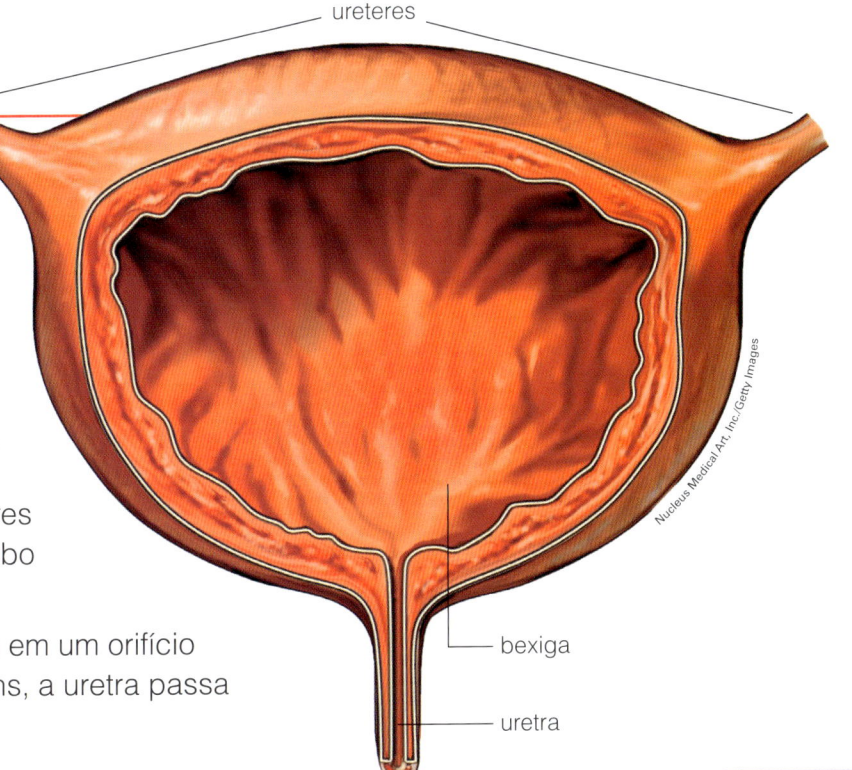

SISTEMA GENITAL

O sistema genital é formado por órgãos que constituem o aparelho genital masculino e o feminino. É por meio dele que os seres humanos produzem os hormônios sexuais e se reproduzem, gerando os bebês.

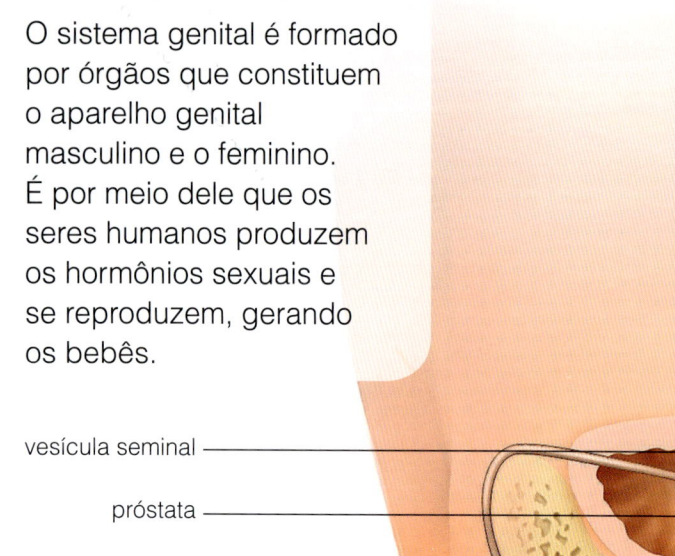

- vesícula seminal
- próstata
- canal deferente

O homem possui dois testículos situados em uma bolsa de pele denominada escroto. Os testículos produzem os espermatozoides e o hormônio sexual testosterona.

- pênis
- testículo
- escroto

CONCEPÇÃO E EMBRIÃO

O encontro do espermatozoide com o ovócito chama-se **fecundação** e resulta na formação da célula-ovo ou zigoto. A fecundação ocorre na tuba uterina.

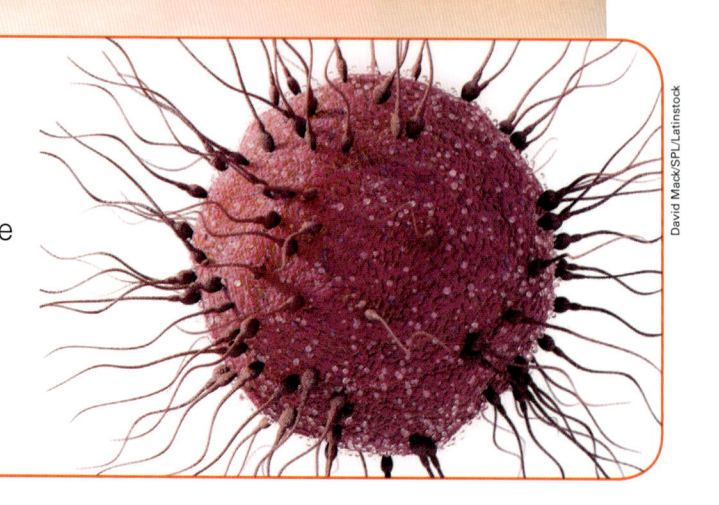

Os ovários liberam as células reprodutoras femininas, os ovócitos.

As tubas uterinas conduzem o ovócito maduro do ovário para o útero.

O ovócito, quando fecundado, fixa-se na parede do útero. Por isso, durante a gravidez, as paredes do útero se tornam espessas para o desenvolvimento do embrião.

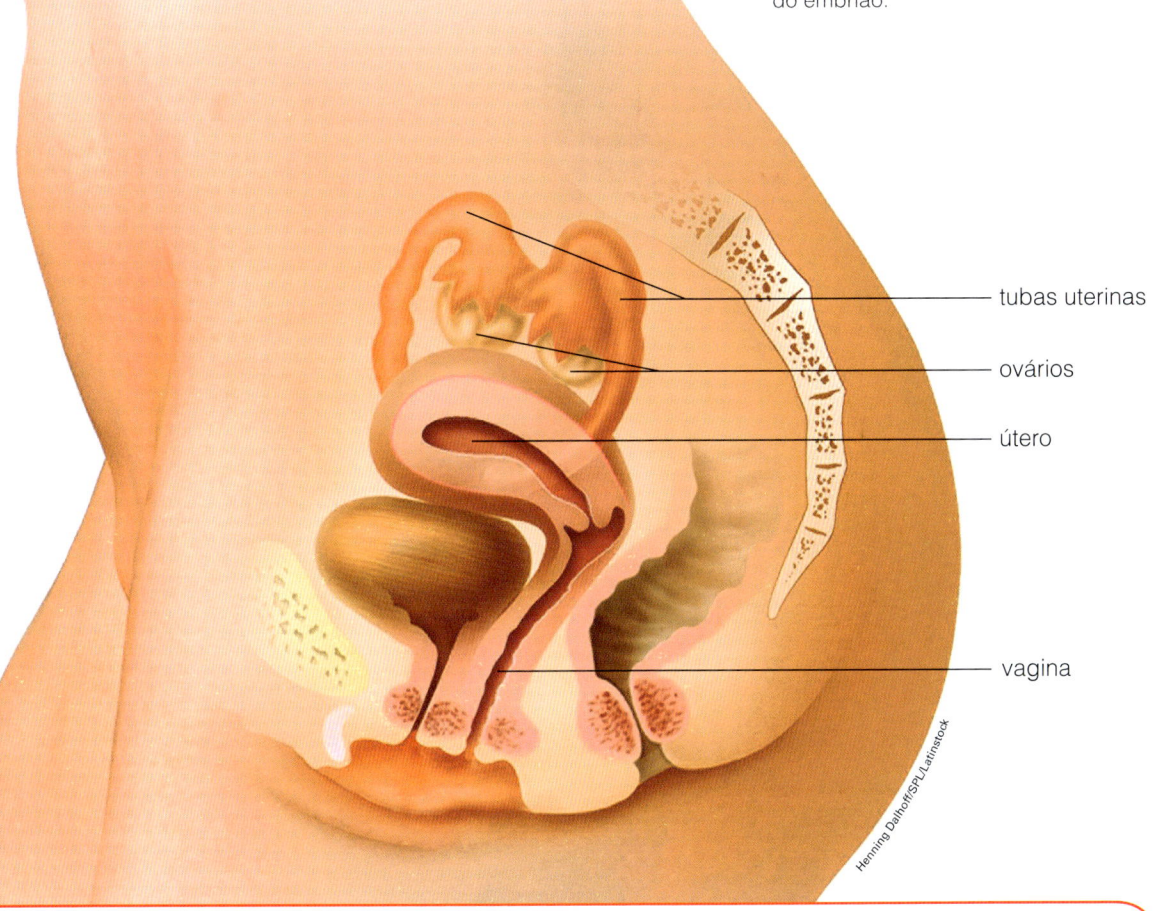

- tubas uterinas
- ovários
- útero
- vagina

DESENVOLVIMENTO EMBRIONÁRIO

Ao chegar ao útero, a célula-ovo sofre algumas divisões e possui em torno de 32 a 64 células: é o chamado **embrião**. No fim da oitava semana, após a fecundação, os principais órgãos já estão formados e o embrião passa a ser chamado de **feto**.

O feto continua a se desenvolver e a crescer durante 38 semanas após a fecundação, período que a gestação dura em média.

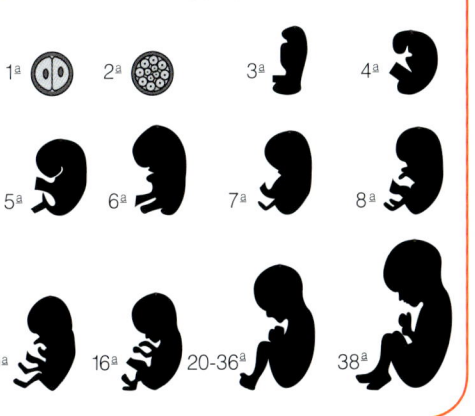

Semanas: 1ª, 2ª, 3ª, 4ª, 5ª, 6ª, 7ª, 8ª, 9ª, 16ª, 20-36ª, 38ª

Você viu como o corpo humano funciona? Impressionante, não é?

Nesta página, você pode personalizar o seu **Miniatlas – Corpo humano**. Procure em revistas ou na internet imagens do sistema que mais lhe chamou a atenção e cole-as aqui, ou faça um desenho dele.

Não se esqueça de indicar o nome do sistema, apontar os principais órgãos e colocar alguma curiosidade sobre ele.

Depois, compartilhe com os colegas!